飞机复杂飞行状态动感模拟系统研究 河南省科技攻关项目 PT–232102220098

飞机复杂飞行状态动感模拟技术

赵江伟 ◎ 著

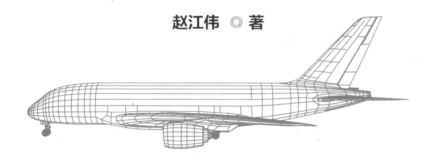

U0253803

上海交通大学出版社
SHANGHAI JIAO TONG UNIVERSITY PRESS

内容提要

本书从飞行安全的角度出发,详细介绍了基于 L1 自适应控制技术的飞行模拟机运动平台控制系统设计。通过实例说明了如何利用这一先进技术提高模拟训练的真实性和有效性。此外,该书还对 L1 自适应运动平台控制系统的性能进行了深入分析,验证了其在复条飞行状态模拟中的应用价值,并提出非线性模型预测动感模拟算法,并构建了预测测型,从而进一步提升了飞行模拟的准确性和逼真度。本书适合飞行模拟技术研究者、飞行训练专业人士以及对航空模拟技术感兴趣的学生作为宝贵的学习和参考资料。

图书在版编目 (CIP) 数据

飞机复杂飞行状态动感模拟技术 / 赵江伟著 . —— 上海:上海交通大学出版社,2024.5
ISBN 978-7-313-30363-9

Ⅰ.①飞… Ⅱ.①赵… Ⅲ.①飞行模拟 – 研究 Ⅳ.① V211.73

中国国家版本馆 CIP 数据核字 (2024) 第 094487 号

飞机复杂飞行状态动感模拟技术
FEIJI FUZA FEIXING ZHUANGTAI DONGGAN MONI JISHU

著　　者:赵江伟				
出版发行:上海交通大学出版社		地　　址:上海市番禺路 951 号		
邮政编码:200030		电　　话:021-64071208		
印　　制:定州启航印刷有限公司		经　　销:全国新华书店		
开　　本:710mm×1000mm　　1/16		印　　张:13.25		
字　　数:165 千字				
版　　次:2024 年 5 月第 1 版		印　　次:2024 年 5 月第 1 次印刷		
书　　号:ISBN 978-7-313-30363-9				
定　　价:88.00 元				

前 言

　　民航客机在飞行过程中进入复杂飞行状态已成为造成严重飞行事故的主要原因。出于安全考虑,对于民航客机的飞行训练需要加入复杂飞行状态预防及改出的训练内容。与正常的飞行训练不同,复杂飞行状态预防及改出训练常常伴随着模拟机大幅度的速度和角速度变化率,因此人们对飞行模拟机的动感模拟逼真度提出了更高的要求。

　　针对飞机复杂飞行状态的飞行模拟,本书以保证动感模拟逼真度为核心,对影响飞行模拟机动感模拟逼真度的洗出算法和运动控制算法展开系统研究,提出了一套有关系统运动学和动力学建模、非线性模型预测动感模拟算法、L1自适应控制和动感模拟逼真度评价方法的理论和技术体系,对决定飞行模拟机动感模拟逼真度的关键技术问题提供了重要支撑。本书的主要研究成果如下:

　　(1)设计了基于L1自适应控制的飞行模拟机运动平台控制系统。通过在系统中引入状态预测器,实现误差信号和控制器设计的分离,可以对控制器进行独立设计而不受误差信号的影响。在控制器的反馈环节中加入了一个低通滤波器,有效地提高了系统的鲁棒性,并且可以通过增大自适应增益,降低系统的误差,提高系统的瞬态性能,能够改善飞行模拟机运动控制系统的跟踪能力,保证了复杂飞行状态的动感模拟逼真度。

　　(2)提出了非线性模型预测动感模拟算法。对人体前庭系统模型和模拟机的运动学模型进行了融合建模,基于模拟机的包线信息,设计了可切换控制系统架构的非线性模型预测动感模拟算法。在模拟机运行包线以内，采用设计的具备动态约束处理的预测控制系统，可以精确跟踪，消除了传统洗出算法在飞机复杂飞行状态预防及改出训练的改出阶段出现的振荡和逼真度降低现象。在模拟机运行包线以外，采用设计的静态约束处理预测控制系统，可以解决动态约束处理预测控制系统在包线外部无解的情况，从而进行大致跟踪。

（3）设计了自适应权重调节器。固定权重的非线性模型预测动感模拟算法会使系统在可行空间边界出现跟踪轨迹不平滑的情况。自适应权重调节方法可使系统在逼近可行空间边界时增加权重，以增大阻尼作用，使平台在可行空间边界附近平稳运行，而在远离可行空间边界时降低权重，从而可以快速跨越可行运动空间。这样一来，在提高平台运行的鲁棒性的同时，也有效地提高了平台可行空间的使用效率。

（4）提出了一种基于多指标融合加权的动感模拟逼真度评估方法。选取人体对不同指标敏感程度这一量化的主观指标作为加权权重，通过将多个单一动感模拟逼真度客观评价指标按照加权求和的方式，获得融合的动感模拟逼真度评价指标。该评估方法结合客观评估和主观评估的特性，具有较好的鲁棒性和有效性。最后，通过仿真实验比较，验证了所设系统的有效性，取得了满意的效果。

本书内容涉及的知识较多，但由于笔者能力有限，书中难免存在不足之处，敬请广大读者朋友和专家批评指正！

目 录

第1章 绪 论

1.1 飞行模拟技术背景及意义

飞行模拟机是用来模拟飞机飞行的机器,它能够复现飞行和空中环境。随着科学技术的不断进步,飞行模拟机也由最初的单自由度发展到了今天的高自由度,已被广泛地用于飞行器的研发和飞行模拟训练。

飞行模拟机具有良好的可控性、可重复性,其不受气象条件和场地环境限制,可复现空中飞行环境,已经被广泛地应用于飞行员的地面训练。飞行员可以通过操纵模拟机最大限度地模拟真实飞机的各项运动。高逼真度的飞行模拟机还可以用于飞机的研制,也可以为部分机载设备提供模拟空中复杂状态的地面仿真环境,从而加快研发进程,节约资源消耗。

根据波音公司对 2011—2020 年世界范围内的飞行事故的统计(见图 1.1),民航客机在飞行过程中进入复杂飞行状态(upset),或者称为空中飞行失控(loss of control in-flight, LOC-I),其已经超过可控飞行撞地(CFIT)而成为导致飞行安全事故的主要原因[1]。欧洲航空安全局对 2015—2017 年世界范围的飞行事故的统计数据[2]也显示复杂飞行状态是造成民航事故的主要原因(见图 1.2)。

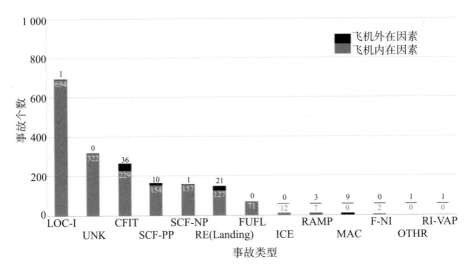

图 1.1　波音公司 2011—2020 年商用飞机严重事故数据统计

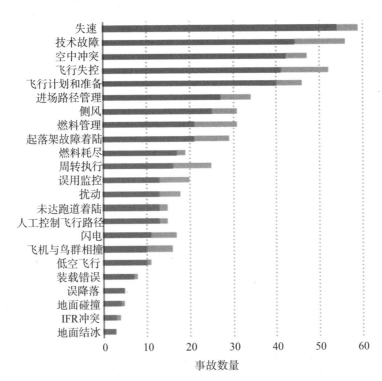

图 1.2　2015—2017 年欧洲航空安全局统计的飞行安全事故

飞机复杂飞行状态事件主要因飞机失速、控制系统失效、空间迷向和大气扰动而导致，它通常伴随飞行员的操作，使飞机在飞行过程中超出正常的飞行包线（见图 1.3）[3]。如果飞行员不及时识别和处理，将出现严重的后果。目前还没有成熟的技术手段可以避免飞机进入复杂飞行状态。而且，飞行员在训练过程中很少有机会对超过正常飞行包线的复杂飞行状态情况进行改出训练，对于飞行员的手动操纵训练都集中在低空阶段，如起飞、进近和着陆等；对于在高空的手动操作训练（如失速改出等）则都缺少相应的系统训练。

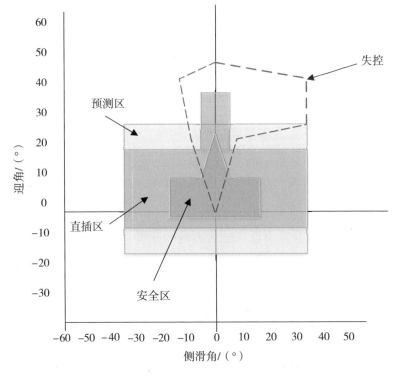

图 1.3 飞行包线

目前，飞行模拟训练设备的鉴定规范中对于复杂飞行状态改出训练的考虑并不完备[4]。一方面，由飞机制造厂家提供的数据包所构建的空气动力学模型只能覆盖正常的飞行包线，对于复杂飞行状态需要获取特殊的试飞数据、飞行事故数据，还需要通过比例模型风洞实验等获得飞行包线之外的气动特性进行额外的建模工作[5-6]；另一方面，由于飞行过程中的复杂飞行状态通常伴随着飞机的非正常姿态（见图1.3）、大幅度的角速度和加速度变化率，而飞行模拟机是目前唯一可以可靠、低成本和系统性地进行此类复杂飞行状态改出训练的工具[7]。国际民用航空组织（ICAO）、美国联邦航空管理局（FAA）和欧洲的民航管理部门都对民航客机的飞行过程中复杂飞行状态模拟机改出训练十分重视，陆续发布了一些训练指南要求[8]，并组建了专门的研究组织进行相关研究工作[9]。所以，研制具备复杂飞行状态预防及改出训练的飞行模拟机就变得非常迫切和重要了。

飞行模拟机的性能主要以飞行模拟机的逼真度来表征。飞行模拟机的逼真度主要由动感模拟逼真度、视觉模拟逼真度和听觉模拟逼真度等组成。与正常的飞行训练不同，复杂飞行状态预防及改出训练常常伴随着模拟机大过载、大幅度的速度和角速度变化率，因此对飞行模拟机的动感模拟系统的逼真度要求很高。良好的飞行模拟机可动感模拟逼真度，可以避免飞行员在模拟复杂飞行状态改出训练时由于感官感知的运动信息差异所造成的仿真病（眩晕、呕吐等）。

由图1.4可知，飞行模拟机的动感模拟系统的逼真度主要由洗出算法和运动控制系统两部分决定。本书采用的飞行模拟机平台是一种六自由度Stewart平台[10]，具有承载能力强、精度高、响应速度快、占用空间小等优点，但平台的工作空间较小。为了模拟飞机的空中飞行运动感觉，就需要使用动感模拟算法（也称为洗出算法）将飞机的运动信息转化为运动平台的运动信息，洗出算法的好坏直接决定动感模拟系统的逼真度是否准确。同时，为了使模拟机能够准确地跟踪洗出算法的控制指令，需要运动控制系统完成模拟机的运动控制。考虑到复杂飞行状态预防及改出训练常常伴随着模拟机大过载、大幅度的加速度和角速度变化率，因此提高控制系统的动态跟踪性能对保证飞行模拟机动感模拟系统的逼真度也起着重要的保障作用。

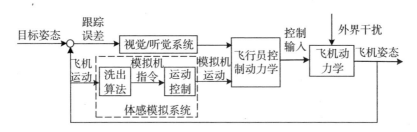

图 1.4 飞行模拟机操作原理图

综上所述，为满足传统的飞行模拟机可以模拟飞机的复杂飞行状态（如飞机在飞行过程中出现的失速情况，飞行员在飞机飞行过程中出现的空间迷向现象，以及飞机在飞行过程中遇到的风切变、湍流等情形），飞行模拟机必须具备更优的运动洗出算法和运动控制性能。本书以"全动飞行模拟机动感模拟逼真度"为核心，对影响飞行模拟机动感模拟逼真度的洗出算法和运动控制等关键技术进行了研究分析，针对复杂飞行状态预防及改出训练大过载、大幅度的速度和加速度变化率等极限情况，设计了满足复杂飞行状态预防及改出训练高动感模拟逼真度要求的飞行模拟机动感模拟系统。

1.2　飞行模拟机发展概况

1.2.1　飞行模拟机组成原理

飞行模拟机按用途可以划分为工程用飞行模拟机和训练用飞行模拟机两类。工程用飞行模拟机主要用于飞机的研发过程，用于在飞机的研发过程中验证飞机的一些特性，进而帮助优化飞机的设计。训练用飞行模拟机可以模拟真实飞行的各项感觉，主要用于飞行员的地面模拟仿真训练。工程用飞行模拟机和训练用飞行模拟机的组成原理相同，都按照相似的原理在地面构建仿真环境达到模拟飞机空中飞行环境的目的，其系统组成构架如图 1.5 所示[11]。

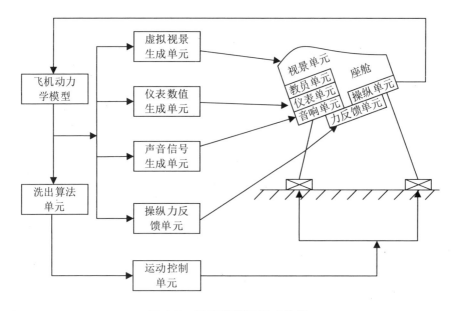

图 1.5　飞行模拟机组成构架

教员单元用于指导和监控飞行员的训练情况。教员单元不仅可以显示飞机飞行的高度、速度、姿态等信息，还能对不同的飞行环境参数进行设置。另外，教员单元还可以设置不同的训练科目，训练飞行员识别与应对不同情形的能力，并对飞行员的训练实施考核和鉴定。

动感模拟算法单元的主要功能是将真实飞机的运动映射为飞行模拟机平台的运动，使飞行员在飞行模拟机上逼真模拟真实飞机的运动感觉。

运动控制单元是飞行模拟机的核心组成部分，主要功能是控制运动平台跟踪动感模拟生成的运动轨迹指令。稳定性好和能够快速响应是运动控制单元的主要特征。

视景单元是飞行模拟机的核心单元,主要为驾驶人员提供实时的飞行场景,实现逼真的视景模拟。视景系统需要与飞行模拟机的运动系统保持同步,以克服飞行员因视觉和运动感觉不一致而产生的仿真病。

音响单元是为飞行员提供听觉信息的单元,用于产生逼真的声音效果。

操纵单元主要是把计算飞机模型得到的操纵力提供给模拟机的力加载机构(如驾驶杆、脚蹬),模拟机的力加载机构可以直接将相应的操纵力提供给飞行员,实现飞行员飞机操纵力的力感模拟。

仪表单元主要由飞行模拟机内部的各种开关、仪表指示器、操作按钮等组成,主要功能是为飞行员提供操作接口和指示系统的工作状态。

1.2.2 飞行模拟机发展概况

飞行模拟机伴随着飞机的发展而发展。迄今为止,飞行模拟机共经历了三个发展阶段 [12]:

第一阶段,机械式飞行模拟机。这一阶段的标志性飞行模拟机就是林克训练机。

第二阶段,模拟式飞行模拟机。模拟计算机的问世促进了飞行模拟机的发展,20 世纪 40 年代,寇蒂斯－莱特公司和林克公司相继开发出了具有模拟计算机系统的模拟式飞行模拟机训练器。

第三阶段,数字式飞行模拟机。数字式计算机的诞生极大地提高了模拟计算机的精度,伴随着计算机技术的发展,飞行模拟机也逐渐有了动感模拟和视景系统等功能。

随着飞行模拟机对航空事业的巨大作用和其产生的显著的经济效益，国外涌现出了很多技术先进的公司、科研院校和研究机构，如加拿大航空电子设备公司（CAE）、美国的安飞国际公司（Flightsafety）、荷兰国家航空航天实验室（NLR）以及加拿大多伦多大学（UofT）等。

目前，美国较为先进的飞行模拟机是F-18飞行模拟机（见图1.6），该飞行模拟机可实现三轴全向翻滚并模拟加减速。

图 1.6　F-18 飞行模拟机

国内第一台真正意义的飞行模拟机是由北京航空航天大学和曙光电机厂共同研发的歼6飞机飞行模拟机。2002年，北京蓝天航空科技公司研制出了新舟60全任务飞行模拟机，并于2003年获得中国民用航空局C级认证。2020年，上海华模科技有限公司研发生产的A320 NEO/CEO全动飞行模拟机（见图1.7）交付航空公司用户。同年，该飞行模拟机通过了中国民用航空局D级鉴定。

图 1.7　A320 NEO/CEO 全动飞行模拟机

1.3 飞行模拟机动感模拟系统研究现状

1.3.1 飞行模拟机洗出算法研究现状

使用飞行模拟机对飞行员进行训练，不仅可以提高飞行员的实际操作能力，也可以了解飞行员的行为。飞行员驾驶飞行模拟机进行训练的有效性主要通过模拟机产生逼真的运动提示能力来衡量，即坐在飞行模拟机中的飞行员具有与坐在实际飞机中执行相同动作时相类似的运动感觉。但是，由于飞行模拟机的工作空间有限，其旋转角度和平移位移受到平台物理极限的限制，无法再现无限空间的飞行运动。为了克服这种限制，研究人员开发设计了洗出算法（运动提示算法），该算法的主要作用是把真实飞机的运动转换成飞行模拟机的运动提示指令，在飞行模拟机的运动空间内尽最大可能地提供给飞行员真实的空中飞行运动感觉。目前，比较流行的飞行模拟机洗出算法主要分为以下几种。

1. 经典洗出算法

20 世纪 70 年代，美国的施密特（Schmidt）和康拉德（Conrad）设计了经典洗出算法[15]，同时，他们也成功地将该算法应用于全动模拟机（AAMG）中[16]。1973 年，文献 [17] 将经典洗出算法应用于六自由度的 Stewart 运动平台的飞行模拟机，并在算法中加入 Stewart 平台的位置监测环节，可以实时监测平台的位置。其算法原理框架如图 1.8 所示[18]。

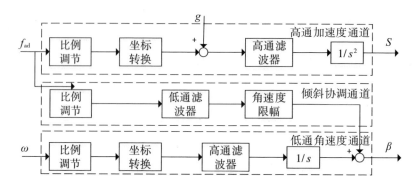

图 1.8   经典洗出算法原理框图

由图 1.8 可知，经典洗出算法是多个滤波器的组合，通过高通滤波器对平移加速度滤波获得加速度高频分量，以提取快速动态变化量，如过渡期间的瞬时加速度变化，然后对所得的信号进行两次积分得到飞行模拟机平台的位置。使用低通滤波器对平移加速度滤波以提取慢速动态变化信号，如持续加速度等，然后通过倾斜平台（倾斜协调）利用重力加速度在俯仰和滚转方向上的分量来模拟持续的平移加速度运动感觉。由于飞行模拟机平台在姿态自由度上的运动范围有限，无法模拟持续的角加速度运动，所以只对角加速度信号作高通滤波来消除低频分量，只保留信号中的高频分量，并积分以计算角位移。

提高经典洗出算法中滤波器的参数可以有效提高飞行模拟机的动感模拟逼真度[19]。文献 [20−21] 对经典洗出算法的参数调试方法作了探讨和分类，指出离线选择参数、实验分析和飞行员测试反馈是参数选择的主要方法。文献 [22] 对经典洗出算法中的高通滤波器参数做了研究分析，指出截止频率位于 0.33 ～ 0.6 rad/s 时飞行员的动感模拟效果比较理想。此外，文献 [23−24] 利用专家系统对滤波器作了参数选择，简化了经典洗出滤波器参数调节的过程。文献 [25−26] 采用遗传算法优化了经典洗出滤波器的参数，但未能提供有关其结果的足够客观的评估信息。

经典洗出算法的主要优点是设计简单，但是这种算法也有很多缺点。首先，由于滤波器参数的调整主要基于主观参与者的反馈信息来修正，没有依据有意义的客观物理量，所以不具备一致性。其次，由于经典洗出算法的滤波器参数是固定的，因此必须针对最坏的情况作参数设定，所以在运行中实际上只使用了飞行模拟机有效运行空间的一小部分，造成了空间的浪费，降低了飞行模拟机的性能。最后，由于经典洗出算法没有考虑飞行模拟机的物理限制，因此必须针对每个仿真实验整定滤波器参数，以确保模拟机保持在其物理限制内。

2. 自适应洗出算法

文献 [32] 最早发现了自适应洗出算法的不稳定性问题，对于平动高通自适应滤波器，当输入信号值持续增加时，滤波器的响应就会产生振荡现象，且随着输入信号值的进一步增加，这种振荡现象会变得更加严重。文献 [33] 对自适应滤波器的这种振荡问题做了研究分析，指出优化算法的迭代步长不是产生振荡的原因，但是改变迭代步长可以降低高频振荡的幅度值，并根据平台的位移和速度设计了自适应改变步长的方法，以增强自适应滤波器的稳定性。

自适应洗出算法的优点是当飞行模拟机接近中心位置时，可以产生更加真实的动感，并且仅当飞行模拟机接近自身物理极限的时候才会降低体感的逼真度，能够较好地利用飞行模拟机的有效运行空间。自适应洗出算法基于最小化成本函数，可以对跟踪误差和平台的状态加入乘法因子，增加了算法的智能性。但是，自适应洗出算法的缺点是系统参数调整困难，没有标准的调节方法，并且自适应洗出算法在参数调整不当的时候存在滤波器的不稳定问题。

同经典洗出算法相似，自适应洗出算法也是由不同的滤波器组合而成的，不同之处在于，自适应洗出算法中的滤波器参数可根据当前系统状态而作自适应的调节。在每个计算步骤 k，自适应滤波器的增益和截止频率都是通过成本函数 J_k 的最小化来确定的。

$$J_k = (r_k - a_k)^2 + w_1 \cdot v_k^2 + w_2 \cdot p_k^2 \qquad (1.1)$$

式中，r_k 为飞机的加速度信号；a_k 为飞行模拟机的加速度信号；v_k 和 p_k 分别为飞行模拟机的速度和位置；w_1 和 w_2 分别为与速度和位置对应的权重因子，它们的增大会导致位移和速度的损失，而它们的减小有利于加速度跟踪误差的最小化，针对不同的模拟场景对权重因子的整定仍然是离线进行的。自适应洗出算法原理框图如图 1.9 所示。

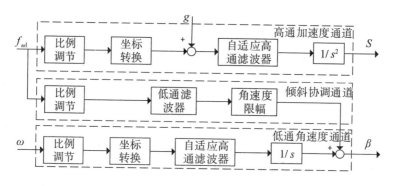

图 1.9　自适应洗出算法原理框图

3.最优控制洗出算法

文献 [34-35] 最先对最优控制洗出算法展开了研究。文献 [36] 首次将人体前庭系统和飞行模拟机动力学系统模型加入洗出算法中，形成了真正意义上的最优控制洗出算法，其原理框图如图 1.10 所示。文献 [37] 把人体的半规管和耳石线性模型融合到了最优控制洗出算法之中，将转动通道的角加速度输入信号替换为角速度输入信号，减小了极端情况下倾斜协调的剧烈倾斜变化率。文献 [38] 把人体前庭模型加入最优控制洗出算法中。文献 [39] 在最优控制洗出算法中加入了模拟机平台的非线性动力学模型，直接把优化输出用于模拟机执行器的输出力控制。文献 [40] 对模拟机的倾斜协调的速度作了限制，解决了以往最优控制洗出算法中无倾斜协调约束控制的问题，提高了动感模拟的逼真度。

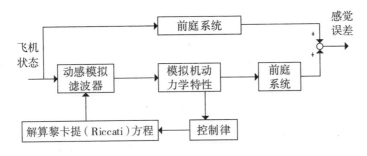

图 1.10　最优控制洗出算法原理框图

最优控制洗出算法由线性滤波器组合而成，其目标是最大限度地减少飞机和模拟机之间的运动感觉差异。最优控制洗出滤波器的参数是由最小化代价函数确定的，在优化过程中使用了人动感知模型，其优化表达式为

$$J = \int_0^\infty \left(\left(\hat{r}(t) - \hat{a}(t) \right)^2 + w_1 \cdot v^2(t) + w_2 \cdot p^2(t) \right) \mathrm{d}t$$

$$\dot{x}(t) = Ax(t) + Bu(t)$$

$$x = \begin{bmatrix} p & v & a & \hat{a} \end{bmatrix}^{\mathrm{T}} \tag{1.2}$$

式中，$(A，B)$ 为人体前庭系统和模拟机运动系统融合模型；x 为系统的状态向量；$\hat{a}(t)$ 为驾驶员在飞机中感受到的加速度；$\hat{r}(t)$ 为飞机的加速度；v 和 p 分别为飞行模拟机的速度和位置；w_1 和 w_2 分别为与速度和位置对应的权重因子。

优化过程中直接使用人的感知模型，其中感知模型的输入是一个滤波的白噪声。最优滤波器是围绕滤波后的白噪声设计的，因此与经典洗出算法的滤波器一样，在其他工作条件下也是次优的。

最优控制洗出算法的主要优点是在算法中加入了人体的前庭模型，

可以有效降低驾乘者的动感模拟失真感，且最优控制洗出算法的效果是通过一系列物理意义清晰的代价函数来体现的，可以方便地对系统的参数作调试。该算法的缺点是不能充分利用模拟机的有效运行空间。

4.模型预测控制洗出算法

模型预测控制技术因考虑了系统的近期动态和约束处理[41]而被广泛用于飞行模拟机的洗出算法中。与传统控制方法不同，模型预测控制要求用采样时间对连续模型进行离散化，通过在控制时域中处理运动输入对预测时域进行优化，这种优化必须在每个采样时间求解，以获得一组优化的操纵输入，而每个步骤只应用第一个输入。模型预测控制洗出算法原理框图如图 1.11 所示。

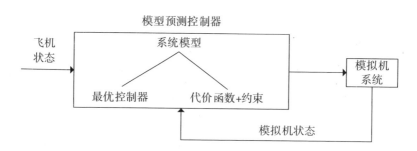

图 1.11 模型预测控制洗出算法原理框图

2009 年，达格德伦（Dagdelen）等首先介绍了基于模型预测控制（MPC）的洗出算法[42]，在该算法中应用的代价函数和约束是凸的性质，这保证了存在解的唯一性。倾斜协调没有在这个 MPC 洗出算法中实现，模拟机很快就到达它的边界，对持续加速度的仿真效果比较差。奥古斯托（Augusto）等在文献 [43] 中综合倾斜协调和 Zacharias 的前庭系统线性模型在 MATLAB 上实现了仿真计算，但由于受当时电脑性能限制，控制频率较低。此外，算法中没有加入对倾斜协调的限制约束。巴塞焦（Baseggio）等 [44] 应用 Telban et al. [45] 提出的前庭模型设计了离线计算的 MPC 洗出算法，该算法假设运动输入信号在每个采样时间的前两秒是完全已知的。他们还对预测步长开展了研究分析，指出预测范围会影响系统的稳定性。Fang 等 [46] 将显式 MPC 应用于驾驶模拟机。贝吉（Beghi）等 [47] 的研究表明，在存在有效的未来输入的情况下，MPC 洗出算法需要更长的预测时域，以改善模拟机位移的平稳性。加勒特（Garrett）等在文献 [48] 中推导了一个基于 MPC 的洗出算法，它使用了基于执行器的约束。然而，线性近似被应用于对驱动器支腿长度的约束。这种简化还影响了约束处理，因为运动平台的逆运动学本质上是非线性的。Dagdelen 等在文献 [49] 中的 ULTIMATE 模拟机上实现了基于 MPC 的洗出算法，该研究针对单个自由度提示问题进行研究，并且加入了倾斜协调。进一步地，文献 [50] 提出了一个基于 MPC 的显式概念，将控制问题分解为四个单独的情况（俯仰 – 喘振，横摇，起伏和偏航），并确定了稳定性条件。Katliar 等在文献 [51-52] 中提出了 MPC 洗出算法，发现使用适当的软件和数值方法，可以实时运行具有复杂模型的基于 MPC 的洗出算法。此外，Beghi 等 [53]、Baseggio 等 [54] 也对模型预测控制洗出算法进行了研究。

目前，比较常用的洗出算法是自适应洗出算法，该算法能根据平台的实时运动信息动态调整自适应参数，使平台能够在平衡位置最大限度地发挥性能 [55]，以提供高逼真度的动感模拟环境。但是，在平衡位置附近设计的自适应洗出算法在较大的运动提示信息下依旧会出现超出可行空间的情况。模型预测控制可以将系统在未来一段时间的动态作为优化目标，并且在优化过程中能充分考虑各种约束条件，但目前大多数研究仍局限于线性模型。由于六自由度的飞行模拟机具有高度的非线性特性，所以采用线性模型预测洗出算法降低了模拟机的逼真度。而实际的系统都存在一定的非线性，使用线性模型描述会降低控制精度，更有甚者会导致系统不稳定 [56-57]。所以，针对非线性系统设计非线性模型预测控制洗出算法是未来研究的主要方向。

1.3.2　飞行模拟机运动控制系统研究现状

由图 1.4 可知，飞行模拟机感模拟系统主要由洗出算法和运动控制两部分构成。洗出算法的主要作用是将飞机的运行转换为飞行模拟机的运动指令，运动控制系统的主要作用是控制飞行模拟机实现精确跟踪洗出算法的指令。良好的运动控制系统可以有效地保证动感模拟的逼真度。

本书采用的飞行模拟机运动系统平台是传统的 Stewart 并联机构的并联式运动平台。基于机器人技术的发展，研究者对串联机械臂提出了很多的控制架构和相对应的控制策略。虽然多自由度的串联机械臂可以表示成一个多输入多输出的（MIMO）非线性模型，但由于串联机械臂采用的减速器可以有效地降低机械臂系统的非线性和耦合特性 [58-59]，可以采用分散控制达到良好的控制效果，因此很多串联机械臂的控制器都由一系列单个关节的线性控制器组成。但是，对于 Stewart 并联机构来说，机械臂的闭合运动链会严重影响分散控制器的控制效果。所以，Stewart 并联机构大都使用非线性的多输入多输出控制 [60]。

基于 Stewart 并联机构的飞行模拟机平台通常使用两种控制结构：关节空间控制和任务空间控制。关节空间控制是将每个支腿关节作为单输入单输出（SISO）系统进行控制的，根据并联机构逆运动学解算支腿关节的期望位置，利用激光测距仪等测距方法测量各支腿关节的实际位置信息，然后将实际关节位置和期望关节位置之间的误差用作控制器的反馈信号在关节空间中设计控制器。任务空间控制是将全部支腿关节作为多输入多输出（MIMO）系统控制的，根据高速摄像机等先进测量方法获取平台的空间位置等信息，然后将实际平台的空间位置和期望平台的空间位置之间的误差作为控制器的反馈信号在任务空间中设计控制器。关节空间控制结构简单，但其没有考虑并联机构的动态耦合特性，在飞行模拟机失速恢复等高振幅机动训练情况下，该控制方法无法提供良好的跟踪性能，会影响飞行模拟机动感模拟的逼真度。因此，基于任务空间控制结构是并联飞行模拟机控制结构的研究重心和研究热点。表 1.1 总结了几种主要的飞行模拟机控制方法。

表 1.1　基于 Stewart 平台的飞行模拟机控制方法及优缺点

控制方法	优　点	缺　点	类　别
分散 PD 控制	控制器的设计不需要详细的机械臂动态模型，也不需要动态参数；计算复杂度低，形式简单，易于实现	控制器采用高增益，驱动时能耗大；跟踪性能较差，抗干扰能力差	不基于模型
前馈控制	前馈项的加入，增加了系统的抗干扰能力；系统形式简单，易于实现	前馈项的参数依赖于平台的状态，误差的动态方程不能完全解耦，稳态误差具有不确定性	基于模型
逆动力学模型控制	反馈项的加入，实现了系统闭环误差的线性化和解耦，误差项独立于系统状态，提高了控制精度	对模型不确定性的鲁棒性较差；闭环控制系统中的在线计算量比较大	基于模型
部分线性化 IDC 控制	控制系统结构简单，稳态误差较小；相比于完全 IDC 控制，计算量较低	无法保证更广义的期望轨迹的渐进跟踪性能，系统鲁棒性较低；控制系统复杂性高	基于模型
鲁棒逆动力学模型控制	不需要精确的过程模型，预估了不确定性因素的变化范围，增加了系统的鲁棒性	系统的稳态精度较差	基于模型
自适应逆动力学模型控制	可通过在线辨识来调节控制器参数，被控系统没有最小相位条件的约束；鲁棒性较强	自适应律中需要计算运动加速度，容易造成自适应参数漂移；高自适应律难以工程实现	基于模型

（续　表）

控制方法	优　点	缺　点	类　别
滑模变结构控制	控制结构可动态变化；对参数不确定性、建模误差有较强的抗干扰能力	控制轨迹需在多个滑模面进行切换；对于高阶系统，除增加计算复杂度外，还会带来高频抖振	基于模型
模型预测控制	优化策略可以方便地处理各种约束条件；抗干扰能力强，鲁棒性好	算法复杂，实时性差，难以实现系统的全局优化	基于模型
模糊控制	模糊逻辑可描述复杂的动态系统；基于启发性的知识及语言决策规则设计，具有一定的智能水平	信息简单的模糊化处理会使系统控制精度降低，动态品质变差	不基于模型
神经网络控制	并行计算，计算速度快，自主学习能力强；结构简单，训练算法成本低、相对容易实现	需要大量的测试数据，无法应用于未经训练的测试环境；控制系统结构复杂，不易工程应用	不基于模型
模型参考自适应控制	控制结构简单，快速性好	系统的性能取决于参考系统的性能，对参考系统要求较高，抗干扰能力较差	基于模型

1. 分散 PD 控制

非线性 Stewart 运动平台的跟踪控制问题一直是并联机器人控制领域研究的热点问题之一。目前，已有众多研究者提出了很多控制构架和控制策略。图 1.12 所示的分散 PD 控制是较早出现的一种控制方法，对于使用减速器的串联机器人可以起到很好的控制作用，但由于并联机器人系统间的高度耦合和非线性特性[61-62]，使用分散 PD 控制效果较差。

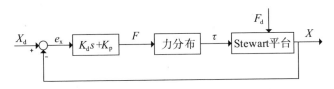

图 1.12 并联机器人分散 PD 控制系统构架

2. 前馈控制

Kelly 等[61]采用前馈控制把并联机器人系统误差的动态特征在噪声情况下表示成二阶系统，然后选择合适的 PD 参数，使系统的暂态响应和跟踪误差满足要求，并给出了系统局部指数稳定的证明。Santibanez 等在文献 [62] 中对上述并联机器人前馈控制的局部稳定性做了进一步的研究，给出了系统全局稳定性的条件。图 1.13 为并联机器人前馈控制的系统构架。

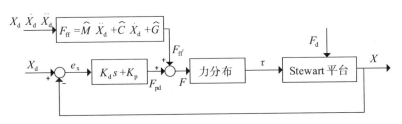

图 1.13 并联机器人前馈控制系统构架

3. 逆动力学模型控制

戈斯林（Gosselin）[63]为通用 Stewart 并联机器人提出了如图 1.14 所示的逆动力学模型。但是这种方法很难推广到其他结构，且正向动力学问题没有得到处理。达斯古普塔（Dasgupta）等 [64-65] 提出了通用 Stewart 平台的闭式动力学方程，并将相应的算法应用于几个平面和空间平行机器人 [66]，但这种方法的计算复杂度没有优化。文献 [67] 给出了 Stewart 并联机器人逆动力学模型和正动力学模型的闭式解，并确定了构成最小惯性参数的机器人基本惯性参数，给出了计算逆动力学模型和正动力学模型的运算次数。但是，逆动力学模型控制需要建立精确的系统动力学模型，并且整个控制过程对模型不确定性的鲁棒性较差。

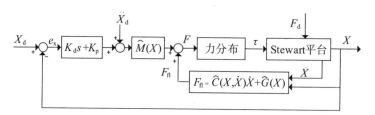

图 1.14　并联机器人逆动力学模型控制系统构架

4.鲁棒逆动力学模型控制

逆动力学模型控制的控制过程对误差是没有鲁棒性的，一种改进方法就是设计如图 1.15 所示的并联机器人鲁棒逆动力学模型控制。基于此，文献 [68-71] 对鲁棒控制展开了研究。在鲁棒控制下，对不同状态下模型误差作定量分析，设计一个固定的控制器，使其满足最坏情况下的控制目标，保证了系统的稳定性。但是，为了在最坏情况下补偿系统的不确定性，常常会设置一个较大的控制增益，降低系统的性能。

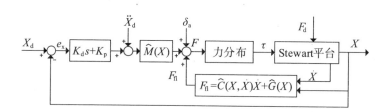

图 1.15　并联机器人鲁棒逆动力学模型控制系统构架

5.自适应逆动力学模型控制

为了解决并联机器人鲁棒逆动力学控制中控制增益过大的问题，如图 1.16 所示的并联机器人自适应逆动力学模型控制系统构架应运而生。文献 [75] 把现有的并联机器人自适应控制根据控制目标和参数等自适应驱动信号的不同分为三类。第一类自适应控制的自适应驱动信号是跟踪误差，该方法最早由文献 [72] 提出，在完全了解动态参数的理想情况下可实现的控制目标是获得一个线性和解耦的闭环系统，并能保证良好的瞬态性能。但是 Craig 等 [73] 的研究结果需要测量关节加速度和估计惯性矩阵的逆。因此，Spong 等 [74] 提出了一种自适应逆动力学控制器，以避免使用估计的惯性矩阵。Slotine 等 [75] 从一个全新的角度解决了这个问题。他们充分利用并联机器人动力学的结构特征，设计了一个使用滑动变量的相对简单的自适应控制器。该控制器不需要测量关节加速度或估计惯性矩阵的均匀可逆性。第二类是自适应控制的自适应驱动信号是由预测误差驱动的。文献 [76] 提出的基于预测误差的控制器利用滤波后扭矩的预测误差来生成适应法则，由改进的计算扭矩控制器和改进的最小二乘估计器组成。第三类自适应控制的驱动信号是由跟踪误差和预测误差驱动的复合自适应控制。文献 [77] 的研究结果表明，复合自适应控制器有更快的参数收敛和更好的跟踪精度，因此对未建模的动力学具有很强的鲁棒性。需要注意的是，在所有上述自适应控制方案中，要假设运动学是准确已知的。

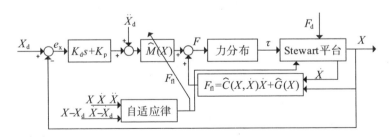

图 1.16 并联机器人自适应逆动力学模型控制系统构架

6. 模型参考自适应控制

模型参考自适应控制（MRAC）是一种典型的自适应控制系统结

构。MRAC 方法的一个优点是，随着时间的推移，平台的精度将得到提高，因为 MRAC 机制不断从跟踪误差中提取参数信息。然而，在暂态过程中，系统容易出现控制输入的高频振荡，当自适应速率较小时，自适应增益增大，容易引起模型的未建模动态。自适应控制器快速自适应特性和稳定性的改善已从多个角度开展了大量工作，在这些努力中，文献 [78] 提出的 L1 自适应控制的成就较为突出。L1 自适应控制是对 MRAC 的一种改进，该系统也被称为快速鲁棒自适应控制，在保持瞬态性能的同时具备较好的鲁棒性。就目前来看，L1 自适应控制方法已经在解决飞行器的快速鲁棒自适应控制问题上取得了良好的控制性能，但在并联机器人的模拟机控制领域，尚未见相关研究成果。

L1 自适应控制方法发展迅速，在很多领域的应用也逐渐增多。该控制方法抗干扰能力强，理论推导较为直观，尤其适用于模拟机复杂飞行状态预防及改出训练时大幅度、大载荷的跟踪控制。使用 L1 自适应控制系统可以提高飞行模拟机的动态跟踪性能和稳态性能，在面对飞行模拟复杂飞行状态预防及改出训练时的大幅度、大过载等剧烈变化的仿真环境条件下，可以有效地保证动感模拟的逼真度。

1.4　本书的主要内容与章节安排

本书围绕飞行模拟机复杂飞行状态预防及改出训练和飞行安全训练的动感模逼真度问题展开研究，针对飞行模拟机复杂飞行状态预防及改出训练大幅度、大过载等特点，以保证逼真度为核心，对决定飞行模拟机动感模拟逼真度的洗出算法和运动控制两大核心部分进行了设计。系统的总体框图如图 1.17 所示。

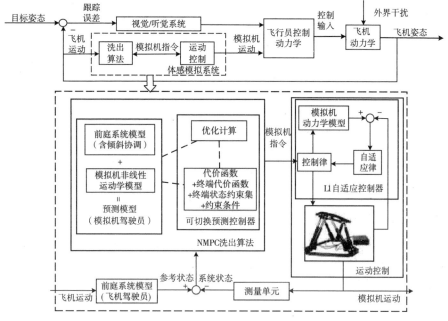

图 1.17　飞行模拟机动感模拟系统整体框图

在运动控制方面，为了保证运动控制系统具有良好的跟踪性能，保证动感模拟的逼真度，设计了具有快速鲁棒自适应特性的 L1 自适应控制系统。在洗出算法方面，为了提高横向和纵向加速度的跟踪效果，提出了一种可切换含等式约束和不含等式约束非线性模型预测控制器的非线性模型预测动感模拟算法。为了提高动感模拟的逼真度和有效管理平台的约束，非线性模型预测动感模拟算法的预测模型融合了人体前庭系统模型和包含以 Stewart 模拟机平台支腿的长度和速度作为状态信息的系统非线性运动学模型。为了有效管理平台的可行工作空间，对支腿的位移施加了约束，并且使用与模拟机平台状态相关的自适应权重调节器。采用数字仿真、逼真度评估等方法验证了模拟机复杂飞行状态预防及改出训练动感模拟的高逼真度特性。本书各部分的主要研究内容如下：

第 1 章通过介绍飞行模拟机的工作原理及其对复杂飞行状态预防及改出训练模拟的迫切需求，对用于复杂飞行状态预防及改出训练的飞行模拟机动感模拟逼真度提出了更高的要求这一现状，明确了本书的研究意义。同时讨论了影响动感模拟逼真度的洗出算法和保证动感模拟逼真度的运动控制系统的研究现状，指出当前研究的问题所在，以及课题研究的新方向，最后总结了全书的主要研究内容。

第 2 章详细论述了飞机复杂飞行状态的成因，并把飞机复杂飞行状态分为飞行员导致的飞机复杂飞行状态、飞机系统异常导致的飞机复杂飞行状态、环境因素导致的飞机复杂飞行状态和混合因素导致的飞机复杂飞行状态四类。对模拟机复杂飞行状态预防及改出训练中出现的惊吓因素、低过载和全行程操纵输入的使用等相关问题作了分析。以机头缓慢上扬并进入失速状态的飞机复杂飞行状态预防及改出训练为例，给出了模拟机训练的具体操作流程。指出复杂飞行状态预防及改出训练对模拟机动感模拟的逼真度有更高的要求，提高模拟机动感模拟逼真度可以最大限度地逼近模拟机的训练包线，提升复杂飞行状态预防及改出训练的效果。

第 3 章对影响飞行模拟机动感模拟逼真度的运动控制系统进行了设计，针对模拟机平台实施了动力学建模，介绍了 L1 自适应控制系统的基本原理。设计了基于 L1 自适应控制器的模拟机平台运动控制系统，给出了控制器参数的整定方法，使用李雅普诺夫稳定性理论设计系统的控制律，并对系统的稳定性展开证明分析。在飞行模拟复杂飞行状态预防及改出训练时的大幅度、大过载等剧烈变化的仿真环境下，可以有效地保证动感模拟的逼真度。

第 4 章对第 3 章设计的基于 L1 自适应控制的模拟机运动控制系统进行了仿真验证，将设计的 L1 自适应控制系统与传统模型参考自适应控制系统作了比较，利用样例飞行模拟机平台对 L1 自适应控制系统的瞬态特性、频率特性和复杂轨迹的跟踪特性展开仿真测试，其良好的瞬态性能在应对模拟机复杂飞行状态预防及改出训练时具有很好的跟踪性能，有效地保证了复杂飞行状态预防及改出训练时动感模拟的逼真度，验证了所提方法的有效性。

第 5 章对影响飞行模拟机动感模拟逼真度的非线性模型预测动感模拟算法进行了设计，对含倾斜协调的人体前庭系统完成了建模工作，建立了模拟机支腿长度与平台运行状态非线性变化的运动学模型。对人体前庭系统模型和模拟机的运动学模型进行了融合建模，该建模方法以前庭系统感知的运动信息为控制目标，考虑到平台的运行空间约束，可以最大化模拟机的动感模拟逼真度。

第 6 章在第 5 章建立的预测模型的基础上设计了具有可切换控制系统的非线性模型预测动感模拟算法，介绍了非线性模型预测动感模拟算法的工作原理。在模拟机运行包线以内，采用设计的具备动态约束处理的预测控制系统，可以实现精确跟踪，消除了传统洗出算法在飞机复杂飞行状态预防及改出训练的改出阶段出现的振荡和逼真度降低现象。在模拟机运行包线以外，采用设计的静态约束处理预测控制系统，可以解决动态约束处理预测控制系统在包线外部无解的情况，从而进行大致跟踪。针对常规的固定权重的方法会使系统在可行空间的边界出现跟踪轨迹不平滑的情况，设计了自适应权重调节器，在提高平台运行鲁棒性的同时，有效地增加了平台可行空间的使用效率。最后，对系统的稳定性展开了证明分析，并以飞机机头上扬失速复杂飞行状态预防及改出训练为例，给出了可切换控制器的预测控制系统的参数调节方法，验证了系统的性能。

第 7 章首先对飞行模拟机动感模拟逼真度的评估方法作了综述，然后介绍了平均绝对差、归一化平均绝对差、平均绝对标度、归一化皮尔逊相关和估计时延等主要参考评价标准，提出了一种基于多指标融合加权的洗出算法动感模拟逼真度评估方法。为了确定飞机模拟机在不同洗出算法之间动感模拟逼真度差异是否与更有效地使用模拟器工作空间有关，提出了四分位距和标准差等评价标准。最后，对所设计的飞行模拟机动感模拟系统分别实施了机翼水平失速、飞机起飞、飞机降落等场景下的仿真实验，通过实验结果对比，验证了所提方法的有效性。

第 8 章对本书的主要研究内容与创新点进行了总结、评述，指出了有待解决的问题和今后的研究方向。

第 2 章　复杂飞行状态预防及改出训练中动感模拟逼真度需求研究

2.1　概述

复杂飞行状态产生的飞行事故是航空业致命事故的首要原因。因此，复杂飞行状态也成了国际相关行业的主要关注点，监管机构、运营商、培训机构和制造商都致力于解决这一问题。开发"复杂飞行状态预防及改出训练"（UPRT）可以显著降低复杂飞行状态产生的飞行事故。飞行模拟机可以在复杂飞行状态中发挥重要作用，但复杂飞行状态中的动感模拟逼真度需要进一步开发和增强。

本章首先对飞机复杂飞行状态的原因进行了归纳分类，将飞机复杂飞行状态分为飞行员导致的飞机复杂飞行状态、飞机系统异常导致的飞机复杂飞行状态、环境因素导致的飞机复杂飞行状态和混合因素导致的飞机复杂飞行状态四类。然后介绍了飞行员对飞机复杂飞行状态的识别、预防和改出等操作，并对飞行模拟机复杂飞行状态预防及改出训练中出现的惊吓因素、低过载和全行程操纵输入的使用等相关问题展开了分析。以机头缓慢上扬并进入失速状态的飞机复杂飞行状态预防及改出训练为例，给出了模拟机训练的具体流程。最后，对飞机复杂飞行状态预防及改出训练中动感模拟逼真度的需求进行了研究，指出提高模拟机动感模拟逼真度可以逼近模拟机的训练包线，最大限度地发挥模拟机的性能，提高学员飞机复杂飞行状态预防及改出训练的成效。

2.2　飞机复杂飞行状态的原因

飞机复杂飞行状态是一种非预期的飞机状态，飞机在空中处于失控时会增加控制难度，如果不进行及时、正确的处理，极易发生危险。文献 [80] 对飞机复杂飞行状态时的特征进行了总结：

（1）飞机飞行时的姿态可能会处于正常包线以外。

（2）飞行员对飞机的控制发生了无法预测的响应。

（3）飞机出现振荡等非线性特性。

（4）大的角速度变化率和大幅度的位移变化。

（5）不能按照预定航向和高度飞行。

图 2.1 为飞机复杂飞行状态的示例图。飞机复杂飞行状态通常指飞机无意中超出以下条件：

（1）飞机坡度角大于 45°。

（2）飞机上仰角大于 25°。

（3）飞机下俯角大于 10°。

（4）参数在上述范围内，但空速与飞行状态不匹配。

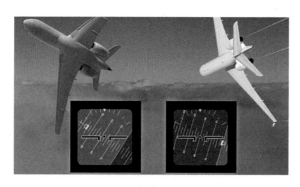

图 2.1　飞机复杂飞行状态实例

飞机进入失控状态的情况并不常见，失控的原因也多种多样，主要分为飞行员误操作造成的飞机复杂飞行状态、飞机系统故障造成的飞机复杂飞行状态、环境因素造成的飞机复杂飞行状态和混合因素造成的飞机复杂飞行状态。

2.2.1　飞行员误操作造成的飞机复杂飞行状态

飞行员误操作造成的飞机复杂飞行状态主要有如下几类：

1. 仪表检查能力欠强

飞行员需要交叉检查飞机仪器仪表的显示信息，当显示信息与预期信息不相符时，必须同机组其他人员交流并执行正确的操作进行修正。飞行员对仪表显示信息的疏于监控和错误评估可能会导致飞机复杂飞行状态。飞行员的能力是影响仪表检查的主要因素：不同飞行员的理解速度和理解能力会有差异，这种差异源于飞行员的直觉本能和经验水平。通常情况下，飞行员积极监控仪表信息起着决定性的作用。飞行员必须通过训练来增强仪表交叉检查能力。有效的仪表信息监控可以让飞行员在飞机进入复杂飞行状态前及时干预处理。

2. 飞行员操纵力不熟练

有效的仪表数据检查分析能力是飞行员的必备能力。除此以外，飞行员还必须具备正确的操纵力输入控制。

当飞行员对飞机的操纵力输入的响应不熟悉时，可能会导致飞机复杂飞行状态。例如，对于高空飞行来说，针对高度控制的飞行员的操纵力输入往往超过所需量；对于低空飞行来说，针对高度控制的操纵力输入很可能会小于所需量。

3. 空间定向障碍或失能

空间定向障碍指的是飞行员无法正确判断、认识自己相对于地面的位置和方向。飞行员在特定条件下飞行时容易产生感官错觉，导致飞行员感觉到的飞机姿态与仪表信息显示的实际姿态不一致。空间定向障碍的主要原因如下：

（1）飞机在倾斜的云顶上飞行。

（2）北极光产生的虚假指示。

（3）进场或离场中的黑洞错觉。

（4）生理性错觉等。

4. 飞行员诱导产生的振荡

所有的飞行器都通过了严格的测试，以保证其能够在飞行包线以内具有良好的操控性能。良好的操控性能依赖于飞行员的正常驾驶能力。飞行员的操作与飞机运动冲突时可能会导致飞机进入复杂飞行状态。失控改出期间，飞行员提前做出快速的大输入控制时可能会产生不可预知的飞机运动，并伴有飞行员诱导振荡情况的发生。

2.2.2　飞机系统异常造成的复杂飞行状态

飞机系统异常和故障主要分为以下几种：

1. 仪表故障

飞机系统的仪表故障少有发生。所有飞机都具备快速检查单，当飞机发生故障的时候，飞行员可分析评估并设计正确的操作方案。事故报告显示，飞行员并非时刻具备良好积极的监控能力，在面对仪表故障时有时会失去正确的判断能力，导致飞机复杂飞行状态。

2. 自动飞行控制系统故障

自动飞行控制系统收集了飞机系统的各种信息，可以自动监控和管理飞机的状态。虽然自动飞行控制系统可以提高飞机的智能化水平，降低飞行员的工作负荷，可靠性也比较高，但也会出现故障。飞行员过度依赖自动飞行控制系统可能会导致自满。由于系统的高复杂集成度，飞行员很难发现出现异常情况的原因。

2.2.3　环境因素造成的飞机复杂飞行状态

环境因素可能会造成飞机复杂飞行状态。人们无法改变环境，因此很有必要识别和意识到这个风险，从而避免飞机复杂飞行状态的发生。导致飞机复杂飞行状态的环境因素主要分为以下几类：

1. 颠簸

颠簸主要分为晴空颠簸和山地波。晴空颠簸可能会在任意高度层发生，但往往会出现在急流区附近，且非常难以预测。山地地形会对气流产生阻碍，在山地上方飞行可能会受山地波的影响，进而产生颠簸，对飞行安全产生影响。

2. 雷暴

雷暴分为锋面雷暴和气团雷暴两种。锋面雷暴常与高空低压槽、交汇风等天气现象有关，持续几个小时，可能会产生强烈的阵风或龙卷风。气团雷暴随机分布在不稳定的大气中，由受热的空气上升形成冷却的积云，积云形成降雨进而发展形成雷暴，会伴随产生下沉气流，更集中更强的下沉气流通常又被称为微下击暴流。这些严重的雷暴现象可在任何对流气象情况下发生，危及飞行安全。

3. 风切变

风切变指的是风向或风速短时间内发生快速变化。雷暴和阵雨会产生强烈的风切变，其他如海风、剧烈的地面风等也会产生风切变。风切变可能会导致飞机空速的剧烈变化，严重时会危及飞行安全。

4. 尾流紊流

飞机尾流紊流造成的飞机复杂飞行状态现象是比较常见的，但尾流的出现不一定会导致飞机复杂飞行状态的发生。高速飞行的飞机会在机翼尾部产生旋转的涡流，这种涡流会随着时间向外部旋转逐渐扩散。飞机进入前机产生的尾流区域（见图2.2）时会导致飞机出现短暂而快速的横滚和俯仰抖动，极少情况下会造成飞机结构损坏，进而失控。

图2.2　飞机闯入前机尾流示意图

5. 结冰

结冰会使飞机表面变得粗糙，从而降低飞机的性能。结冰位置和冰面粗糙程度不同，对飞机性能产生的影响也不同，如对飞机的操纵品质产生非预期的影响，包括飞机升力的下降、飞行阻力的增大和飞机稳定性与操纵性的降低。大翼积冰导致的飞机升力系数曲线变化示意如图2.3所示。保持飞机关键部位表面清洁可以避免可能出现的飞机复杂飞行状态现象。

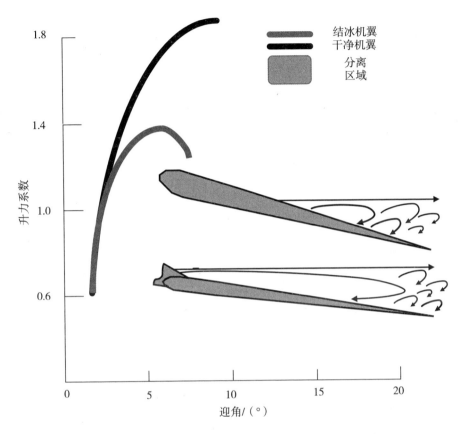

图 2.3　大翼积冰导致的飞机升力系数曲线变化示意

2.2.4　混合因素造成的飞机复杂飞行状态

图 2.4 为混合因素造成的飞机复杂飞行状态原理图。单个故障不一定会导致飞机复杂飞行状态的发生，因为飞机复杂飞行状态常常伴随着多层次多系统的故障。大部分的飞机复杂飞行状态现象通常是环境因素、飞机系统故障因素和飞行员错误处理等一系列因素的综合结果，只要一个环节得到正确处理，就可能有效地避免飞机复杂飞行状态的发生。

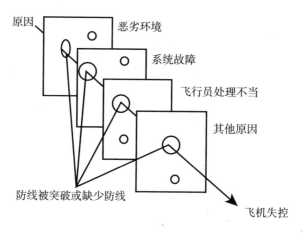

原因
恶劣环境
系统故障
飞行员处理不当
其他原因
防线被突破或缺少防线
飞机失控

图 2.4　混合因素造成的飞机复杂飞行状态

2.3　飞行模拟机失控预防及改出训练研究

前面介绍了飞机复杂飞行状态的主要原因，考虑到飞机复杂飞行状态可能导致严重的后果，对飞行员进行针对性训练是很有必要的。研究表明，飞机的非正常飞行状态大多是可以恢复的[81]。本节介绍飞行员对飞机复杂飞行状态的识别、预防及改出训练的技术要求和操作流程。

2.3.1　复杂飞行状态预防及改出训练的分类

飞行模拟机复杂飞行状态预防及改出训练主要包括基于机动的训练和基于场景的训练。

1.基于机动的训练

这种训练重点在于任务技巧。基于机动的训练包括预防及改出训练，着重培养飞行员复杂飞行状态的预防及改出技能。

2. 基于场景的训练

基于场景训练的目标是培养飞行员对复杂飞行状态预防及改出训练的识别和决策能力。表 2.1 列出了飞机复杂飞行状态预防及改出训练的常见场景[82]。

表 2.1　飞机复杂飞行状态预防及改出训练的常见场景

序　号	场景描述	场景参数
1	机头过度上仰	$40° < \alpha < 90°$
2	机头过度下俯	$40° < \alpha < 90°$
3	空速不可靠	—
4	最低限度的小坡度横滚	$30° < \varphi < 90°$
5	机翼水平失速	—
6	机头上扬失速	—

2.3.2　飞机复杂飞行状态情景意识

在现代驾驶舱中，飞行员积极监控着飞机状态，他们比上一代飞行员更富有情景意识。积极监控的飞行员随时准备着阻止非预期飞机偏离，这就对他们提出了严格的要求。

（1）从飞机复杂飞行状态改出的动作必须正确及时。飞行组应该能够意识到飞机在高高度与低高度操纵的差异（可用推力减小，飞行操纵更敏感）。不管何时，飞行员都要克服惊吓心理，尤其在高度条件下人工飞行经验较少的时候。

（2）飞行员必须避免应激反应式的过激操纵。过量的或不正确的操纵输入会进一步让飞行员陷入恐慌，从而导致飞机由一种失控状态进入另一种失控状态。找出失控状态出现的原因应排在改出动作之后。

然而，飞行员在开始改出动作前仍必须识别并证实状况。重新获得并保持飞机控制是排在首位的。

（3）机组成员之间的交流必须有助于改出动作。一旦飞行航径出现偏离，两名飞行员都应喊话提醒所观察到的情况。在分析复杂状态时，飞行组很有必要使用主飞行仪表和发动机参数仪表。目视气象条件可能允许飞行员使用外部的目视参考。然而，在上仰和下俯姿态中，飞行员的视线可能受到风挡和头顶板的阻碍而难以看到地平线，因此飞行员必须准备在黑暗中以及仪表气象条件（IMC）下分析情况。主飞行显示或姿态指引仪是改出时的主要参考。

2.3.3 飞行模拟机复杂飞行状态预防及改出训练相关问题

由于模拟机运动空间有限，无法完全复现真实飞机的空中飞行环境，因此对于复杂飞行状态预防及改出训练来说，模拟机训练和飞机训练之间存在一定的差异。模拟机飞行包线边缘的限制会导致逼真度问题，因为模拟机改出可能不具有飞机相同的响应特征。然而，假设不超过模拟机有效训练包线限制，模拟机的操纵负载响应和仪表指示应准确复制飞机响应。

模拟机可提供复杂状态改出的基本原理，但一些现实因素，如正、负和横侧过载、惊吓因素和环境条件难以完全复制。改出中的生理和心理影响，以及飞机的响应与模拟机训练中遇到的可能明显不同。

1. 惊吓因素

飞行员应该积极监控飞行状态，争取从一开始就避免进入失控状态。当自动驾驶接通时，非故意的低空速、失速警告、抖振和飞机姿态大的变化（与设计无关）会让飞行组感受到惊吓。

当出现临近失控等复杂飞行状态时，飞行员通常感到惊讶或受到惊吓，没有参与监控的飞行员需要获得情景意识以识别所处的情况。

只有参与（从而具有情景意识的）积极监控的飞行员／机组才能有效地预防失控和改出失控状态。飞行员必须克服惊吓并迅速转移到对飞机状况的分析中去，然后采取正确的改出动作。

飞行员不仅应避免在分析发生的情况前做出反应，还应避免只关注某个指示来诊断情况。有效的训练和机组参与（积极监控）所有驾驶舱活动是处理惊吓因素的最佳保证。找出复杂状态出现的原因应永远排在改出和恢复飞机操纵之后。

2. 过载低于 1G

飞行员通常对客机上将飞机卸载至 1G 以下感到不适，因为有失重感。模拟机可复制正常飞行剖面，但无法复制持续的 1G 之外的过载感受。在典型的模拟机中，飞行员仅能感受到不足真飞机 10% 的重力加速度载荷。教员和学员都需要清楚实际飞行和模拟飞行的这种不同，飞行员必须预期在小于 1G 的飞行中有明显不同的感觉。

3. 全行程操纵输入的使用

利用全行程操纵输入不是日常航线飞行所面临的情况。在飞机临近失控等复杂状态下，飞机姿态和航径变化可能非常快，飞行员可能需要更大的甚至全行程操纵输入。飞行员必须准备好在需要时及时使用全行程操纵输入。飞行操纵输入随速度增大和迎角减小而更有效。相反，在低速或接近临界迎角时，相同飞机响应需要更大的操纵输入。全行程操纵输入的关键是防止操纵反效。任何情况下都不需要快速从一侧到另一侧的满偏操纵。

2.3.4　飞行模拟机失控预防改出技术

失速是飞机复杂飞行状态的主要原因之一，飞机失速也是复杂飞行状态预防及改出训练的常见场景。图 2.5 给出了飞机失速时迎角与升力系数曲线变化的关系。

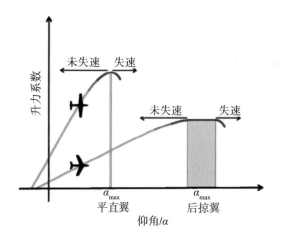

图 2.5 飞机迎角与升力系数曲线变化示意图

失速会出现在任何姿态下，飞行员可通过持续的失速警告以及下列一个或多个条件识别[83]：

（1）抖振，有时可能是强抖振。

（2）缺乏俯仰效能或缺乏横滚操纵。

（3）无法阻止下降率。

如图 2.6 所示，机头缓慢上扬并进入失速状态的飞机复杂飞行状态预防及改出训练分为正常飞行阶段、接近失速阶段、失速阶段、改出阶段、恢复正常飞行阶段。参与训练的飞行员在教员的监视下，应采取如表 2.2 所示的改出技术进行操作。

图 2.6 飞机复杂飞行状态预防及改出训练场景的不同阶段

表 2.2　飞机机头上扬失速的改出程序

操纵飞机的飞行员	监视教员
自动驾驶脱开（按需）	
自动油门脱开（按需）	
俯仰操纵机头下俯 按需进行机头下俯操纵输入以获得机头下俯率	改出过程中监控空速和姿态并喊话提醒任何持续的偏离问题
推力调节（按需）	
横滚调节（按需） 调整滚转角不要超过 60°	
空速充分增加时恢复平飞	

　　需要注意的是，在某些情况下飞机可能会在接近失速的区域表现出稳定性降低的情况。提高模拟机动感模拟的逼真度可以训练飞行员临近失速的感知和识别，提高飞行员的情景意识和预防意识。在纵向自由度中，飞行员需要知道迎角不一定与俯仰姿态耦合。在模拟器中，运动控制系统和运动平台向飞行员提供加速度信息，而非角速度信息。训练的目标是通过减小迎角来摆脱飞行包线的这个区域。

2.4　复杂飞行状态预防及改出训练对模拟机动感模拟逼真度的要求

　　复杂飞行状态预防及改出训练除了会受到模拟机设计参数的限制以外，主要受决定模拟机动感模拟逼真度的平台运动控制系统和洗出算法等部分的影响。超出模拟机设计参数的操作或不匹配的洗出算法会降低飞行员动感模拟的逼真度，严重时可能会导致模拟机出现与真实飞机上不一样的操纵输入反应。

复杂飞行状态预防及改出训练受限于模拟机的设计参数，因此提高模拟机平台运动控制系统和洗出算法等决定模拟机动感模拟逼真度的系统设计，可以最大限度地逼近模拟机最大训练包线，发挥模拟机的性能。并且，与视觉系统相比，前庭系统的响应时间更快，动感模拟的逼真度有助于飞行员控制运动系统，对复杂飞行状态预防及改出训练有积极的作用。图2.7为复杂飞行状态预防及改出训练中模拟机纵向加速度训练包线；图2.8为复杂飞行状态预防及改出训练中模拟机俯仰角速度训练包线。

图2.7中黑色虚线为飞机空中飞行失速失控改出时飞机驾驶员前庭系统感受到的纵向加速度包线，蓝色实线为模拟机的失速失控改出时驾驶员前庭系统感受到的纵向加速度包线，红色实线为模拟机的失速失控改出训练时前庭系统感受的纵向加速度曲线。对于复杂飞行状态预防及改出训练来说，模拟机的训练包线受模拟机结构的限制，是模拟空中飞行动感模拟的逼真度的最大逼近。驾驶员操纵模拟机训练时前庭系统感受到的加速度曲线包含在模拟机训练包线以内，受模拟机运动控制系统、洗出算法、学员操作和教员指导等一系列因素的影响。模拟机训练曲线越接近训练包线，学员动感模拟的逼真度越高，训练的效果也越好。

与复杂飞行状态预防及改出训练中模拟机纵向加速度训练类似，学员动感模拟的角速度训练曲线越接近模拟机训练包线，学员动感模拟的逼真度越高，训练的效果也越好。

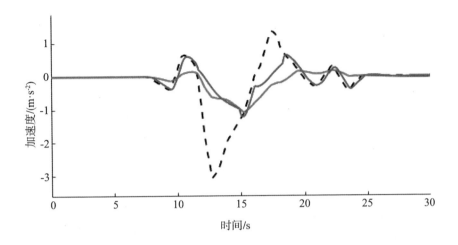

图 2.7 复杂飞行状态预防及改出训练中模拟机纵向加速度训练包线

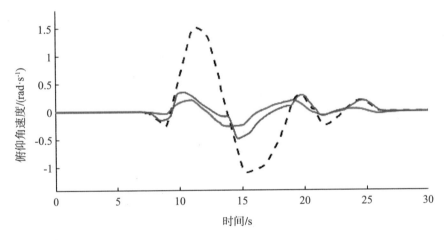

图 2.8 复杂飞行状态预防及改出训练中模拟机俯仰角速度训练包线

所以，对于复杂飞行状态预防及改出训练来说，提高模拟机动感模拟逼真度可以逼近模拟机的训练包线，最大限度地发挥模拟机的性能，提高学员复杂飞行状态预防及改出训练的效果。

2.5　本章小结

　　本章首先详细论述了飞机复杂飞行状态的成因，并把飞机复杂飞行状态分为飞行员导致的飞机复杂飞行状态、飞机系统异常导致的飞机复杂飞行状态、环境因素导致的飞机复杂飞行状态和混合因素导致的飞机复杂飞行状态四类。然后，对模拟机复杂飞行状态预防及改出训练中出现的惊吓因素、低过载和全行程操纵输入的使用等相关问题进行了分析。最后，以机头缓慢上扬并进入失速状态的飞机复杂飞行状态预防及改出训练为例，给出了模拟机训练的具体操作流程，指出复杂飞行状态预防及改出训练对模拟机动感模拟的逼真度有更高的要求，提高模拟机动感模拟逼真度可以最大限度地逼近模拟机的训练包线，提升复杂飞行状态预防及改出训练的效果。

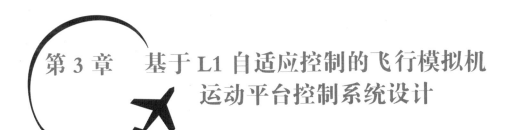

第 3 章　基于 L1 自适应控制的飞行模拟机运动平台控制系统设计

3.1　概述

运动控制系统的主要目标是控制系统按照给定的参考轨迹运行。由于飞行模拟机复杂飞行状态预防及改出训练过程中常常面临大幅度、大过载和大变化率的情况，因此提高控制系统的性能可以最大限度地跟踪参考轨迹，保证飞行模拟机动感模拟的逼真度。L1 自适应控制算法是一种改进的自适应控制算法，也被称为快速鲁棒自适应算法。与传统的自适应控制算法不同，L1 自适应控制算法的主要特点是通过引入状态预测器，实现对系统的误差信号和控制信号的相互独立设计，在保证控制系统性能的同时可以实现对控制器的任意设计。在反馈环节中加入低通滤波器可以降低输入信号的高频噪声，增强系统的鲁棒性。该控制方案能够保证系统在未建模动态的时候仍具有较好的稳态和瞬态性能，从而在根本上改善飞行模拟机运动控制系统的性能，保证动感模拟的逼真度。

3.2　模拟机动力学模型

基于 Stewart 的飞行模拟机通常采用两种控制结构：关节空间控制和任务空间控制。由于并联 Stewart 机构的高耦合特性，基于关节空间控制在面对高振幅机动等情况时无法提供足够高的跟踪性能，所以本书采用基于任务空间的控制方案，基于虚功原理建立平台基于任务空间的动力学模型。

根据文献 [84] 得到如下平台虚功方程：

$$\delta \boldsymbol{q}^{\mathrm{T}} \boldsymbol{\tau} + \delta \boldsymbol{x}_{\mathrm{p}}^{\mathrm{T}} \widehat{\boldsymbol{F}}_{\mathrm{p}} + \sum_{i=1}^{6} \left(\delta \boldsymbol{x}_{i1}^{\mathrm{T}} \widehat{\boldsymbol{F}}_{i1} + \delta \boldsymbol{x}_{i2}^{\mathrm{T}} \widehat{\boldsymbol{F}}_{i2} \right) = 0 \qquad （3.1）$$

式中，$\delta \boldsymbol{q} = \left[\delta q_1 \cdots \delta q_6 \right]^{\mathrm{T}}$ 为支腿驱动关节的虚位移矢量；$\boldsymbol{\tau} = \left[\delta \tau_1 \cdots \delta \tau_6 \right]^{\mathrm{T}}$ 为支腿驱动关节质心处的力和力矩矢量；$\delta x_{\mathrm{p}} = \left[\delta x_{\mathrm{p}}, \delta y_{\mathrm{p}}, \delta z_{\mathrm{p}}, \delta \theta_{x_{\mathrm{p}}}, \delta \theta_{y_{\mathrm{p}}}, \delta \theta_{z_{\mathrm{p}}} \right]^{\mathrm{T}}$ 为支腿与动平台连接点的虚位移矢量；$\delta \boldsymbol{x}_{i1} = \left[\delta x_{i1}, \delta y_{i1}, \delta z_{i1}, \delta \theta_{x_{i1}}, \delta \theta_{y_{i1}}, \delta \theta_{z_{i1}} \right]^{\mathrm{T}}$ 为上支腿重心处的虚位移矢量；$\delta \boldsymbol{x}_{i2}$ 为下支腿中心处的虚位移矢量；$\widehat{\boldsymbol{F}}_{\mathrm{p}}$、$\widehat{\boldsymbol{F}}_{i1}$ 和 $\widehat{\boldsymbol{F}}_{i2}$ 分别为移动平台、上支腿和下支腿重心处的惯性力矢量，且分别由以下关系式给出 [85]：

$$\widehat{\boldsymbol{F}}_{\mathrm{p}} = \begin{bmatrix} f_{\mathrm{d}} + m_{\mathrm{p}} g - m_{\mathrm{p}} \ddot{x}_{\mathrm{p}} \\ n_{\mathrm{d}} - I_{\mathrm{p}} \dot{\omega}_{\mathrm{p}} - \omega_{\mathrm{p}} \times I_{\mathrm{p}} \omega_{\mathrm{p}} \end{bmatrix} = \boldsymbol{\tau}_{\mathrm{d,p}} - \boldsymbol{M}_{\mathrm{p}} \ddot{x}_{\mathrm{p}} - \boldsymbol{C}_{\mathrm{p}} \dot{x}_{\mathrm{p}} - \boldsymbol{G}_{\mathrm{p}} \qquad （3.2）$$

$$\widehat{\boldsymbol{F}}_{i1} = \begin{bmatrix} m_{i1} g - m_{i1} \ddot{x}_{i1} \\ -I_{i1} \dot{\omega}_{i1} - \omega_{i1} \times I_{i1} \omega_{i1} \end{bmatrix} = -\boldsymbol{M}_{i1} \ddot{x}_{i1} - \boldsymbol{C}_{i1} \dot{x}_{i1} - \boldsymbol{G}_{i1} \qquad （3.3）$$

$$\widehat{\boldsymbol{F}}_{i2} = \begin{bmatrix} m_{i2} g - m_{i2} \ddot{x}_{i2} \\ -I_{i2} \dot{\omega}_{i2} - \omega_{i2} \times I_{i2} \omega_{i2} \end{bmatrix} = -\boldsymbol{M}_{i2} \ddot{x}_{i2} - \boldsymbol{C}_{i2} \dot{x}_{i2} - \boldsymbol{G}_{i2} \qquad （3.4）$$

式中，$\boldsymbol{M}_{\mathrm{p}}$、$\boldsymbol{M}_{i1}$ 和 $\boldsymbol{M}_{i2}$ 为式（3.5）中的移动平台、上腿和下腿的质量矩阵；$\boldsymbol{C}_{\mathrm{p}}$、$\boldsymbol{C}_{i1}$ 和 $\boldsymbol{C}_{i2}$ 为式（3.6）中的移动平台、上腿和下腿的科里奥利力和离心力矩阵；$\boldsymbol{G}_{\mathrm{p}}$、$\boldsymbol{G}_{i1}$ 和 $\boldsymbol{G}_{i2}$ 为式（3.7）中的移动平台以及上肢和下肢的重力矢量；$\boldsymbol{\tau}_{\mathrm{d,p}} = [f_{\mathrm{d}}, n_{\mathrm{d}}]^{\mathrm{T}}$ 为作用于平台的外部扰动扭力；x_{p}、x_{i1} 和 x_{i2} 分别为平台质心、上支腿质心和下支腿质心的位置矢量；m、I 和 ω 分别为相应的质量、转动惯量和质心角速度。

$$M_p = \begin{bmatrix} m_p & 0 \\ 0 & I_p \end{bmatrix} \quad M_{i1} = \begin{bmatrix} m_{i1}1 & 0 \\ 0 & I_{i1} \end{bmatrix} \quad M_{i2} = \begin{bmatrix} m_{i2}1 & 0 \\ 0 & I_{i2} \end{bmatrix} \quad (3.5)$$

$$C_p = \begin{bmatrix} 0 & 0 \\ 0 & \omega_p \times I_p \end{bmatrix} \quad C_{i1} = \begin{bmatrix} 0 & 0 \\ 0 & \omega_{i1} \times I_{i1} \end{bmatrix} \quad C_{i2} = \begin{bmatrix} 0 & 0 \\ 0 & \omega_{i1} \times I_{i1} \end{bmatrix} (3.6)$$

$$G_p = \begin{bmatrix} -m_p g \\ 0 \end{bmatrix} \quad G_{i1} = \begin{bmatrix} -m_{i1} g \\ 0 \end{bmatrix} \quad G_{i2} = \begin{bmatrix} -m_{i2} g \\ 0 \end{bmatrix} \quad (3.7)$$

支腿驱动关节的虚位移 δq 和上下支腿重心 δx_{i1} 和 δx_{i2} 的虚位移必须与移动平台虚位移所施加的运动相兼容。因此，需要求取支腿驱动关节和上下支腿的虚位移与运动平台位移之间的雅可比矩阵 J_p、J_{i1} 和 J_{i2}。对于 Stewart 平台，根据文献 [86] 有

$$\delta q = J_p \delta x_p \quad (3.8)$$

$$\delta x_{i1} = J_{i1} \delta x_p \quad (3.9)$$

$$\delta x_{i2} = J_{i2} \delta x_p \quad (3.10)$$

把式（3.8）～式（3.10）代入式（3.1），可得

$$J_p^T \tau + \widehat{F}_p + \sum_i^6 \left(J_{i1}^T \widehat{F}_{i1} + J_{i2}^T \widehat{F}_{i2} \right) = 0 \quad (3.11)$$

把式（3.5）～式（3.7）代入式（3.11），简化后得到 Stewart 平台的一般封闭式动力学方程：

$$M\ddot{X} + C\dot{X} + G = F \quad (3.12)$$

式中：M、C 和 G 分别为式平台的质量矩阵、科里奥利力与离心力矩阵和重力矢量；F 为平台的广义驱动力和外部干扰扭力；$X = [x_p, y_p, z_p, \theta_{x_p}, \theta_{y_p}, \theta_{z_p}]^T$ 为运动平台的位姿矢量；$\dot{X}$ 和 $\ddot{X}$ 分别为运动平台的速度和加速度矢量。

平台和支腿的雅可比矩阵如式（3.13）～式（3.15）所示：

$$J_p = \begin{bmatrix} \hat{s}_1^T & (b_{1\times}\hat{s}_1)^T \\ \vdots & \vdots \\ \hat{s}_6^T & (b_{6\times}\hat{s}_6)^T \end{bmatrix} \qquad (3.13)$$

$$J_{i1} = \frac{1}{l_i}\begin{bmatrix} -c_{i1}\hat{s}_{i\times}^2 & c_{i1}\hat{s}_{i\times}^2 b_{i\times} \\ \hat{s}_{i\times} & -\hat{s}_{i\times}b_{i\times} \end{bmatrix} \qquad (3.14)$$

$$J_{i2} = \frac{1}{l_i}\begin{bmatrix} -c_{i2}\hat{s}_{i\times}^2 + l_i\hat{s}_i\hat{s}_i^T & c_{i2}\hat{s}_{i\times}^2 b_{i\times} - l_i\hat{s}_i\hat{s}_i^T b_{i\times} \\ \hat{s}_{i\times} & -\hat{s}_{i\times}b_{i\times} \end{bmatrix} \qquad (3.15)$$

式中，$b_\times$ 为向量 $b = [b_1 b_2 b_3]^T$ 的叉乘矩阵。

$$b_\times = \begin{bmatrix} 0 & -b_3 & b_2 \\ b_3 & 0 & -b_1 \\ -b_2 & b_1 & 0 \end{bmatrix} \qquad (3.16)$$

3.3 基于 MRAC 的飞行模拟机运动平台控制系统

模型参考自适应控制（MRAC）是一种典型的自适应控制系统结构。MRAC 方法的一个优点是，随着时间的推移，平台的精度将得到提高，因为 MRAC 机制不断从跟踪误差中提取参数信息。MRAC 系统的状态空间方程为

$$\dot{x}(t) = A_m x(t) + b\big(u(t) + \theta^T x(t)\big) \quad x(0) = x_0$$

$$y(t) = c^T x(t) \qquad (3.17)$$

式中，$x(t) \in \mathbb{R}^n$ 为系统的状态向量；$A_m \in \mathbb{R}^{n \times n}$ 为一个已知的赫尔维茨（Hurwitz）系统状态转移矩阵；$b, c \in \mathbb{R}^n$ 为已知的常数向量；$\theta^T \in \mathbb{R}^n$ 为未知的参量向量；$u(t) \in \mathbb{R}^n$ 为控制输入向量；$y(t) \in \mathbb{R}^n$ 为系统的输出向量。

MRAC 结构考虑了一个标称控制器：

$$\boldsymbol{u}(t) = -\hat{\boldsymbol{\theta}}^{\mathrm{T}}\boldsymbol{x}(t) + k_{\mathrm{g}}r(t)$$

$$k_{\mathrm{g}} \triangleq \frac{1}{\boldsymbol{c}^{\mathrm{T}}\boldsymbol{A}_{\mathrm{m}}^{-1}\boldsymbol{b}} \tag{3.18}$$

式中，$r(t)$ 为参考输入。

这个标称控制器可以消除式（3.17）中系统的不确定性，并产生一个理想的参考系统：

$$\dot{x}_{\mathrm{m}}(t) = \boldsymbol{A}_{\mathrm{m}}\boldsymbol{x}_{\mathrm{m}}(t) + \boldsymbol{b}k_{\mathrm{g}}r(t)$$

$$y_{\mathrm{m}}(t) = \boldsymbol{c}^{\mathrm{T}}\boldsymbol{x}_{\mathrm{m}}(t) \tag{3.19}$$

系统的结构框图如图 3.1 所示 [87]。

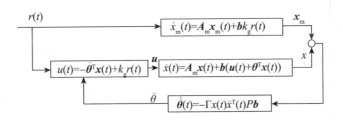

图 3.1　闭环 MRAC 原理框图

与 MRAC 等价的另一种结构为具有状态预测器的闭环 MRAC，其原理如图 3.2 所示。虽然它们的实现形式不一样，但对于相同的输入信号具有相同的动态误差。不同的是，后者把控制律独立了出来，可以方便地对控制信号进行处理。

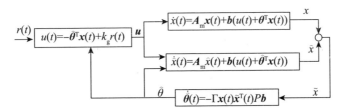

图 3.2　具有状态预测器的闭环 MRAC 原理框图

飞机复杂飞行状态动感模拟技术

模型参考控制系统的性能取决于参考系统，因此，相较于传统的比例—积分—微分（PID）控制、动态逆等控制来说，可以通过选取合适的参考系统达到复杂飞行状态预防及改出训练大幅度的速度和角速度变化率时的跟踪需求。

但是，以模拟机角速度跟踪控制的阶跃响应为例，模型参考自适应控制系统在输入信号存在扰动时容易出现如图 3.3 所示的控制输入的高频振荡，当自适应速率较小时，自适应增益增大，容易引起模型的未建模动态，会降低模拟机复杂飞行状态预防及改出训练的动感模拟逼真度。

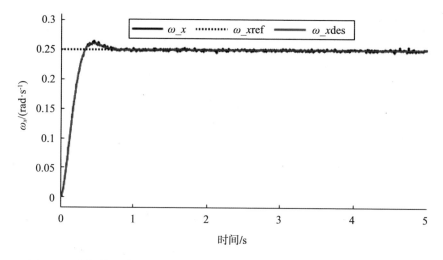

图 3.3　高频输入扰动下模型参考自适应控制系统横向加速度阶跃响应

L1 自适应控制算法是一种改进的自适应控制算法，也被称为快速鲁棒自适应算法。与模型参考自适应控制不同，L1 自适应控制算法的主要特点是通过在反馈环节中加入低通滤波器，降低输入信号的高频噪声，并且可以设置滤波器的带宽，使系统的幅值裕度和相位裕度不受高增益的影响，从而增强系统的鲁棒性。该控制方案能够保证系统存在未建模动态的时候，仍具有较好的稳态和瞬态性能，图 3.4 为高频输入扰动下 L1 自适应控制系统横向加速度阶跃响应。

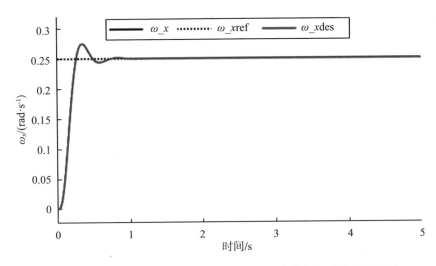

图 3.4　高频输入扰动下 L1 自适应控制系统横向加速度阶跃响应

L1 自适应控制系统在保持 MRAC 良好瞬态性能的同时，也具备较好的鲁棒性，尤其适用于模拟机复杂飞行状态预防及改出训练时大幅度、大载荷的跟踪控制。使用 L1 自适应控制系统可以提高飞行模拟机的瞬态性和稳定性，面对飞行模拟复杂飞行状态预防及改出训练时的大幅度、大过载等剧烈变化的仿真环境，可以有效地保证动感模拟的逼真度。后续章节将会对基于 L1 自适应控制的飞行模拟机运动平台控制系统设计方法进行详细的研究分析。

3.4　L1 自适应控制技术介绍

3.4.1　L1 自适应控制系统构架

L1 自适应是在 MRAC 的基础上发展而来的。由图 3.2 可知，基于状态预测器的 MRAC 输入与误差信号是相互独立的，因此控制信号的变化不会引起误差的变化，这在一定程度上增大了系统的鲁棒性。通过对控制信号添加低通滤波器便得到了 L1 自适应控制系统，其原理如图 3.5 所示[87]。

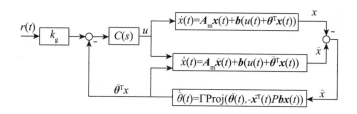

图 3.5 L1 自适应控制系统原理框图

L1 自适应控制系统的控制律为

$$\dot{\hat{\theta}}(t) = \Gamma \text{Proj}\left(\hat{\boldsymbol{\theta}}(t), -\boldsymbol{x}^{\text{T}}(t)P\boldsymbol{b}\boldsymbol{x}(t)\right) \qquad (3.20)$$

式中：Proj($\bullet$) 为防止参数 θ 漂移的投影算子（见图 3.6），定义如下：

定义：$\Omega_c = \left\{\theta \in R^N \mid f(\theta) \leqslant c\right\}, 0 \leqslant c \leqslant 1$ 为有界光滑的凸集，$f(\bullet)$ 为凸函数：

$$f(\theta) = \frac{(\varepsilon_\theta + 1)\boldsymbol{\theta}^{\text{T}}\theta - \boldsymbol{\theta}_{\max}^2}{\varepsilon_\theta \boldsymbol{\theta}_{\max}^2} \qquad (3.21)$$

$\boldsymbol{\theta}_{\max}$ 为参数向量 $\boldsymbol{\theta}$ 的边界，$\varepsilon_\theta > 0$ 为本书选择的投影公差界限，有如下投影算子：

$$\text{Proj}(\theta, y) = \begin{cases} y & \text{当} f(\theta) < 0 \text{时} \\ y & \text{当} f(\theta) \geqslant 0 \text{且} \nabla f^{\text{T}}y \leqslant 0 \text{时} \\ y - \dfrac{\nabla f}{\|\nabla f\|}\left\langle \dfrac{\nabla f}{\|\nabla f\|}, y \right\rangle f(\theta) & \text{当} f(\theta) \geqslant 0 \text{且} \nabla f^{\text{T}}y > 0 \text{时} \end{cases} \qquad (3.22)$$

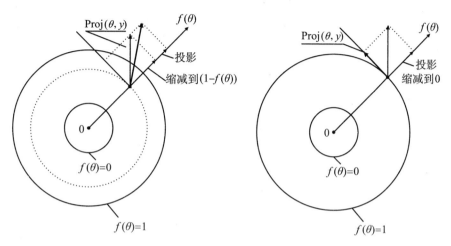

图 3.6　投影算子示意图

由于低通滤波器的加入，系统自适应控制信号为

$$u(s) = -C(s)(\hat{\eta}(s) - k_{\mathrm{g}} r(s)) \qquad (3.23)$$

式中，$r(s)$ 和 $\hat{\eta}(s)$ 分别为 $r(t)$ 和 $\hat{\eta}(t) \triangleq \hat{\boldsymbol{\theta}}^{\mathrm{T}}(t)\boldsymbol{x}(t)$ 的拉普拉斯（Laplace）变换，$k_{\mathrm{g}} \triangleq -1/\left(\boldsymbol{c}^{\mathrm{T}} \boldsymbol{A}_{\mathrm{m}}^{-1} \boldsymbol{b}\right)$；$C(s)$ 为直流增益为 1 的低通滤波器传递函数。

3.4.2　L1 自适应控制系统稳定性分析

式（3.17）对应的误差方程为

$$\boldsymbol{x}(t) = \boldsymbol{A}_{\mathrm{m}}\,\boldsymbol{x}(t) + \boldsymbol{b}\boldsymbol{\theta}^{\mathrm{T}}\,\boldsymbol{x}(t)\,x(0) = 0 \qquad (3.24)$$

令 $\eta(t) \triangleq \boldsymbol{\theta}^{\mathrm{T}}\boldsymbol{x}(t)$，对应的 Laplace 函数为 $\eta(s)$，则误差函数的频域方程可以写为

$$x(s) = H(s)\eta(s) \qquad (3.25)$$

式中，$H(s) \triangleq \left(sI - \boldsymbol{A}_{\mathrm{m}}\right)^{-1}\boldsymbol{b}$ 为预测系统的传递函数。

构造如式（3.26）所示的李雅普诺夫函数式：

$$V\left(x(t),\theta(t)\right) = \boldsymbol{x}^{\mathrm{T}}(t) P\boldsymbol{x}(t) + \frac{1}{\Gamma}\boldsymbol{\theta}^{\mathrm{T}}(t)\boldsymbol{\theta}(t) \tag{3.26}$$

对应的导数形式为

$$
\begin{aligned}
\dot{V}(t) &= \dot{\tilde{\boldsymbol{x}}}^{\mathrm{T}}(t) P\tilde{\boldsymbol{x}}(t) + \tilde{\boldsymbol{x}}^{\mathrm{T}}(t) P\dot{\tilde{\boldsymbol{x}}}(t) + \frac{1}{\Gamma}\left(\dot{\tilde{\boldsymbol{\theta}}}^{\mathrm{T}}(t)\tilde{\boldsymbol{\theta}}(t) + \tilde{\boldsymbol{\theta}}^{\mathrm{T}}(t)\dot{\tilde{\boldsymbol{\theta}}}(t)\right) \\
&= \tilde{\boldsymbol{x}}^{\mathrm{T}}(t)\left(A_{\mathrm{m}}^{\mathrm{T}}P + PA_{\mathrm{m}}\right)\tilde{\boldsymbol{x}}(t) + 2\tilde{\boldsymbol{x}}^{\mathrm{T}}(t) P\boldsymbol{b}\tilde{\boldsymbol{\theta}}^{\mathrm{T}}(t)\tilde{\boldsymbol{x}}(t) + \frac{2}{\Gamma}\tilde{\boldsymbol{\theta}}^{\mathrm{T}}(t)\dot{\tilde{\boldsymbol{\theta}}}(t) \\
&= -\tilde{\boldsymbol{x}}^{\mathrm{T}}(t) Q x(t) + 2\tilde{\boldsymbol{x}}^{\mathrm{T}}(t) P\boldsymbol{b}\tilde{\boldsymbol{\theta}}^{\mathrm{T}}(t) x(t) + 2\mathrm{Proj}\left(\dot{\hat{\boldsymbol{\theta}}}(t), -x(t)\tilde{\boldsymbol{x}}^{\mathrm{T}}(t) P\boldsymbol{b}\right) \\
&= -\tilde{\boldsymbol{x}}^{\mathrm{T}}(t) Q x(t) + 2\tilde{\boldsymbol{x}}^{\mathrm{T}}(t)(x(t)\tilde{\boldsymbol{x}}^{\mathrm{T}}(t) P\boldsymbol{b} + \mathrm{Proj}(\dot{\hat{\boldsymbol{\theta}}}(t), -x(t)\tilde{\boldsymbol{x}}^{\mathrm{T}}(t) P\boldsymbol{b})) \\
&\leqslant -\tilde{\boldsymbol{x}}^{\mathrm{T}}(t) Q x(t)
\end{aligned}
$$

$$\tag{3.27}$$

由于控制信号在建立误差的时候被当作时变信号抵消了，因此无法从李雅普诺夫函数判断系统的稳定性，此时需要利用芭芭拉（Barbalat）引理来证明系统的稳定性。由李雅普诺夫函数知道 $x(t)$ 和 $\theta(t)$ 是有界的，由于 $x(0)=0$，所以有

$$\lambda_{\min}(P)\left\|x(t)\right\|^2 \leqslant V(t) \leqslant V(0) = \frac{1}{\Gamma}\boldsymbol{\theta}^{\mathrm{T}}(0)\boldsymbol{\theta}(0) \tag{3.28}$$

投影算子 Proj（ ）保证自适应律 $\theta(t) \in \Theta$，因此有

$$\left\|x(t)\right\|^2 \leqslant \frac{1}{\lambda_{\min}(P)\Gamma}\theta^{\mathrm{T}}(0)\theta(0) \leqslant \frac{\theta_{\max}}{\lambda_{\min}(P)\Gamma} \tag{3.29}$$

由于 $\|\bullet\|_{\infty} \leqslant \|\bullet\|$，因此可以保证误差信号是一致有界的：

$$\left\|x(t)\right\|_{\mathrm{L}\infty} \leqslant \sqrt{\frac{\theta_{\max}}{\lambda_{\min}(P)\Gamma}} \tag{3.30}$$

预测系统 s 域的状态方程为

$$\hat{x}(s) = G(s)\hat{\eta}(s) + H(s)k_{\mathrm{g}}C(s)r(s) + x_{\mathrm{in}}(s) \tag{3.31}$$

式中，$G(s) \triangleq H(s)(1 - C(s))$，$L \triangleq \max_{\theta \in \Theta}\|\theta\|_1$，$x_{\mathrm{in}}(s) \triangleq (sI - A_{\mathrm{m}})^{-1} x_0$。

对于时间 $\tau \in [0, +\infty)$，式（3.20）的预测状态具有以下边界：

$$\|\hat{x}_\tau\|_{L\infty} \leqslant \|H(s)k_g C(s)\|_{L1} \|r_\tau\|_{L\infty} + \|G(s)\|_{L1} \|\hat{\eta}_\tau\|_{L\infty} + \|x_{\text{in}\tau}\|_{L\infty} \quad （3.32）$$

由式（3.30）可以推出下式：

$$\|\hat{x}_\tau\|_{L\infty} - \|x_\tau\|_{L\infty} \leqslant \sqrt{\frac{\theta_{\max}}{\lambda_{\min}(P)\Gamma}} \quad （3.33）$$

由于投影算子保证自适应律 $\theta(t) \in \Theta$ 有界，因此有 $\|\hat{\eta}_\tau\|_{L\infty} \leqslant L\|x_\tau\|_{L\infty}$，代入式（3.33），有

$$\|\hat{\eta}_\tau\|_{L\infty} \leqslant L\left(\|\hat{x}_\tau\|_{L\infty} + \sqrt{\frac{\theta_{\max}}{\lambda_{\min}(P)\Gamma}}\right) \quad （3.34）$$

把式（3.34）代入式（3.32），整理可得

$$\|\hat{x}_\tau\|_{L\infty} \leqslant \frac{\|G(s)\|_{L1} L \sqrt{\dfrac{\theta_{\max}}{\lambda_{\min}(P)\Gamma}} + \|H(s)k_g C(s)\|_{L1}\|r_\tau\|_{L\infty} + \|x_{\text{in}\tau}\|_{L\infty}}{1 - \|G(s)\|_{L1} L} \quad （3.35）$$

当满足式（3.36）的时候，$x(t)$ 有界，根据 Barbalat 引理，有 $\lim\limits_{n \to \infty} x(t) = 0$，系统渐进稳定：

$$\|G(s)\|_{L1} L < 1 \quad （3.36）$$

3.4.3　L1 自适应控制参考系统

对于 MRAC 来说，参考系统是一个能够表征系统性能的线性时不变系统，但是对于 L1 自适应控制系统来说，由于参考系统是会随时间变化的非线性系统，因此还应该分析 L1 自适应控制系统的参考系统的稳定性。

以下系统定义了 L1 自适应控制的参考系统：

$$\dot{x}_{\text{ref}}(t) = A_m x_{\text{ref}}(t) + b\left(u_{\text{ref}}(t) + \boldsymbol{\theta}^{\mathrm{T}} x_{\text{ref}}(t)\right)$$

$$u_{\text{ref}}(s) = -C(s)(\boldsymbol{\theta}^{\text{T}} x_{\text{ref}}(s) - k_g r(s))$$

$$y_{\text{ref}}(s) = \boldsymbol{c}^{\text{T}} x_{\text{ref}}(s) \qquad （3.37）$$

闭环参考系统的结构框图如图 3.7 所示，进而可以写出闭环参考系统 s 域的状态方程：

$$x_{\text{ref}}(s) = H(s) k_g C(s) r(s) + G(s) \boldsymbol{\theta}^{\text{T}} x_{\text{ref}}(s) + x_{\text{in}}(s) \qquad （3.38）$$

对于时间 $\tau \in [0, +\infty)$，式（3.20）的参考状态具有以下边界：

$$\|x_{\text{ref}\tau}\|_{\text{L}\infty} \leqslant \|H(s) k_g C(s)\|_{\text{L}1} \|r_\tau\|_{\text{L}\infty} + \|G(s) \boldsymbol{\theta}^{\text{T}}\|_{\text{L}1} \|x_{\text{ref}\tau}\|_{\text{L}\infty} + \|x_{\text{in}\tau}\|_{\text{L}\infty} \qquad （3.39）$$

由于 A_{m} 是 Hurwitz 的，$x_{\text{in}}(t)$ 是连续的，且根据式（3.36）有

$$\|G(s) \boldsymbol{\theta}^{\text{T}}\|_{\text{L}1} \leqslant \max_{i=1,\cdots,n} \|G_i(s)\|_{\text{L}1} \sum_{j=1}^{n} |\theta_j| \leqslant \|G(s)\|_{\text{L}1} L < 1 \qquad （3.40）$$

进而有

$$\|x_{\text{ref}\tau}\|_{\text{L}\infty} \leqslant \frac{\|H(s) k_g C(s)\|_{\text{L}1}}{1 - \|G(s) \boldsymbol{\theta}^{\text{T}}\|_{\text{L}1}} \|r_\tau\|_{\text{L}\infty} + \frac{\|x_{\text{in}\tau}\|_{\text{L}\infty}}{1 - \|G(s) \boldsymbol{\theta}^{\text{T}}\|_{\text{L}1}} \qquad （3.41）$$

由式（3.41）可知，参考系统是输入有界和输出有界的稳定系统。

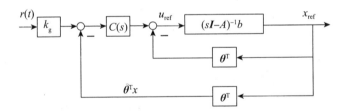

图 3.7　闭环参考系统结构框图

3.5　模拟机 L1 自适应控制器设计

对于 6 自由度的模拟机系统来说，由于系统呈现高度非线性特性，所以系统除了与状态有关的误差 θ，还有与输入有关的误差 ω 和与系统状态有关的误差 σ，因此需要在式（3.17）的基础上设计具有处理系统未知输入参数估计的部分。图 3.8 为 L1 自适应飞行仿真控制系统的结构图。

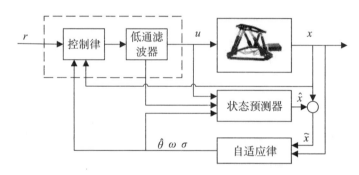

图 3.8　L1 自适应飞行仿真控制系统的结构图

由于 L1 自适应控制是基于模型状态空间方程设计的，因此需要将式（3.12）的飞行模拟机平台的一般封闭式动力学微分方程转换成如下状态的空间模型：

$$\dot{x}(t) = \boldsymbol{A}_{\mathrm{p}} x(t) + \boldsymbol{B}_{\mathrm{p}} u_{\mathrm{p}}(t) + \boldsymbol{\sigma}_{\mathrm{p}}$$

$$y(t) = \boldsymbol{c}^{\mathrm{T}} x(t) \tag{3.42}$$

式中，$x(t) = \begin{bmatrix} X \dot{X} \end{bmatrix}^{\mathrm{T}} \in \mathbb{R}^{m}$ 为系统的状态；$u_{\mathrm{p}}(t) \in \mathbb{R}^{n}$ 为控制输入；$\boldsymbol{c}^{\mathrm{T}} \in \mathbb{R}^{m \times m}$ 为输出矩阵；$\boldsymbol{A}_{\mathrm{p}} \in \mathbb{R}^{m \times m}$ 和 $\boldsymbol{B}_{\mathrm{p}} \in \mathbb{R}^{m \times n}$ 分别为式（3.43）所示的系统状态转移矩阵和输出矩阵。

$$\boldsymbol{A}_p = \begin{bmatrix} 0_{6\times6} & I_{6\times6} \\ 0_{6\times6} & -M^{-1}C \end{bmatrix} \quad \boldsymbol{B}_p = \begin{bmatrix} 0_{6\times6} \\ M^{-1} \end{bmatrix} \quad \boldsymbol{\sigma}_p = \begin{bmatrix} 0_{6\times6} \\ M^{-1}G \end{bmatrix} \quad （3.43）$$

考虑系统输入输出扰动及系统的未建模动态，可以将式（3.42）写为

$$\dot{x}(t) = \boldsymbol{A}_m x(t) + \boldsymbol{b}\big(\omega(t)u(t) + \theta(t)x(t) + \boldsymbol{\sigma}(t)\big)$$
$$y(t) = \boldsymbol{c}^T x(t) \qquad （3.44）$$

式中，$\boldsymbol{b} \in \mathbb{R}^{m\times n}$ 为已知的常数矩阵；$\omega(t) \in \mathbb{R}^{n\times n}$ 为系统输入产生的位置扰动；$\theta(t) \in \mathbb{R}^{n\times m}$ 为系统自身的扰动信号；$\boldsymbol{\sigma}(t) \in \mathbb{R}^{n\times 1}$ 为未建模动态；$\boldsymbol{A}_m \in \mathbb{R}^{m\times m}$ 为 Hurwitz 矩阵，$(\boldsymbol{A}_m, \boldsymbol{b})$ 是可控的，并且满足 $\boldsymbol{A}_m - \boldsymbol{A} = \boldsymbol{b}\theta(t)$。

对应于线性时变系统（3.44）的观测系统为

$$\dot{\hat{x}}(t) = \boldsymbol{A}_m \hat{x}(t) + \boldsymbol{b}\big(\hat{\omega}(t)u(t) + \hat{\theta}(t)x(t) + \hat{\sigma}(t)\big)$$
$$\hat{y}(t) = \boldsymbol{c}^T \hat{x}(t) \qquad （3.45）$$

式中，$\hat{\omega}(t), \hat{\theta}(t)$ 和 $\hat{\sigma}(t)$ 分别为参数 $\omega(t), \theta(t)$ 和 $\sigma(t)$ 的估计值。闭环系统的原理框图如图 3.9 所示。

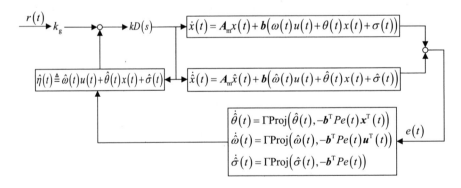

图 3.9   L1 自适应控制系统构架图

然后，使用李雅普诺夫稳定性理论设计系统的控制律，考虑以下李雅普诺夫函数方程式[88]：

$$V = e^{\mathrm{T}}(t)Pe(t) + \frac{1}{\Gamma}\left(\omega^{\mathrm{T}}(t)\omega(t) + \theta^{\mathrm{T}}(t)\theta(t) + \sigma^{\mathrm{T}}(t)\sigma(t)\right) \quad (3.46)$$

式中，$e(t) = \hat{x}(t) - x(t)$，$\omega = \hat{\omega}(t) - \omega(t)$，$\theta = \hat{\theta}(t) - \theta(t)$，$\sigma = \hat{\sigma}(t) - \sigma(t)$ 分别对应实际系统和观测系统之间的跟踪误差；$\Gamma > 0$ 为自适应增益，$P = \boldsymbol{P}^{\mathrm{T}} > 0$ 为方程式 $A_{\mathrm{m}}^{\mathrm{T}}P + PA_{\mathrm{m}} = -Q, Q > 0$ 的解。通过求解代数李雅普诺夫方程得到自适应律[89]，并利用投影算子 $\mathrm{Proj}(\bullet)$ 防止参数漂移。

$$\dot{\hat{\theta}}(t) = \Gamma\mathrm{Proj}\left(\hat{\theta}(t), -\boldsymbol{b}^{\mathrm{T}}Pe(t)\boldsymbol{x}^{\mathrm{T}}(t)\right)$$

$$\dot{\hat{\omega}}(t) = \Gamma\mathrm{Proj}\left(\hat{\omega}(t), -\boldsymbol{b}^{\mathrm{T}}Pe(t)\boldsymbol{u}^{\mathrm{T}}(t)\right)$$

$$\dot{\hat{\sigma}}(t) = \Gamma\mathrm{Proj}\left(\hat{\sigma}(t), -\boldsymbol{b}^{\mathrm{T}}Pe(t)\right) \quad (3.47)$$

图 3.1 中的 MRAC 系统与图 3.5 中基于 L1 自适应控制系统之间的区别在于控制律的设计。在 MRAC 系统中，误差信号和控制器的设计不是独立的，而在 L1 自适应控制系统中，误差信号和控制器的设计是独立的。因此，对于 L1 自适应控制来说，除了利用李雅普诺夫理论设计自适应律以外，还对控制输入添加了一个低通滤波器，可以滤除输入信号的高频扰动，提高系统的鲁棒性。控制律是通过增益反馈设计的，其公式为[90]

$$u(s) = -kD(s)\left(\hat{\eta}(s) - \boldsymbol{k}_{\mathrm{g}}r(s)\right) \quad (3.48)$$

式中，$r(s)$ 和 $\hat{\eta}(s)$ 分别为 $r(t)$ 和 $\hat{\eta}(t) \triangleq \hat{\omega}(t)u(t) + \hat{\theta}(t)x(t) + \hat{\sigma}(t)$ 的 Laplace 函数形式；$\boldsymbol{k}_{\mathrm{g}} \triangleq -1/\left(\boldsymbol{c}^{\mathrm{T}}\boldsymbol{A}_{\mathrm{m}}^{-1}\boldsymbol{b}\right)$ 为系统的常系数矩阵；$k > 0$ 为状态反馈增益。

系统稳定的条件为

$$\|G(s)\|_{\mathrm{L1}} L < 1 \quad (3.49)$$

其中，

$$G(s) \triangleq H(s)\big(1 - C(s)\big)$$

$$C(s) = \frac{\omega_{\mathrm{c}} K D(s)}{1 + \omega_{\mathrm{c}} K D(s)}$$

$$H(s) \triangleq \big(sI - A_{\mathrm{m}}\big)^{-1} \boldsymbol{b}$$

$$L \triangleq \max_{\theta \in \Theta} \| \theta \|_{\mathrm{L}1} \triangleq \max_{i}\left(\sum_{j} |\theta_{ij}| \right) \tag{3.50}$$

3.6　本章小结

本章针对模拟机平台开展了动力学建模工作，阐述了 L1 自适应控制系统的基本原理。同时，设计了基于 L1 自适应控制器的模拟机平台运动控制系统，并给出了控制器参数的整定方法。状态预测器的引入，实现了系统误差信号和控制信号的独立，系统的自适应增益可以任意变大，有效地解决了 MRAC 需要高增益的控制器来补偿最坏情况下不确定性问题。另外，L1 自适应控制因 L1 增益的引入，提高了系统的鲁棒性，克服了 MRAC 在系统存在未建模动态和外部干扰时性能不佳的情况。最后，使用李雅普诺夫稳定性理论设计系统的控制律，并对系统的稳定性展开了证明分析，从根本上保证了飞行模拟机运动控制系统的安全性和可靠性。

第 4 章　L1 自适应运动平台控制系统性能分析

4.1　概述

第 3 章已经介绍了飞行模拟机动力学建模、L1 自适应控制系统设计等相关内容，分析了 L1 自适应控制系统用于复杂飞行状态预防及改出训练的优点。为验证所设计方法的有效性，本章首先介绍了模拟机平台的参数信息和仿真路径信息，然后给出了 L1 自适应控制系统参数设置的具体方法，以及控制系统 L1 增益上边界的确定方法，随后对系统进行了仿真分析。以横向位置跟踪和滚转角姿态跟踪作为控制目标，分别进行了阶跃响应、频率响应，以及复杂状态信号的跟踪能力测试，验证了 L1 自适应控制系统的瞬态和动态跟踪性能。在鲁棒性能测试中，选取模型参考自适应控制作为对照，通过考察 L1 自适应控制系统对输入高频噪声扰动，以及由于模拟机平台存在未建模动态、非线性摩擦、平台负载质量变化等状态扰动的抗干扰能力，验证了 L1 自适应控制系统的鲁棒性，指出 L1 自适应控制方法对提高飞行模拟机控制系统性能方面具有重要意义。

4.2　飞行模拟机运动平台

飞行模拟机运动平台是飞行模拟机的关键组成部分，它能够为飞

行员提供接近真实的运动感觉模拟体验。飞行模拟机运动平台如图 4.1
所示。

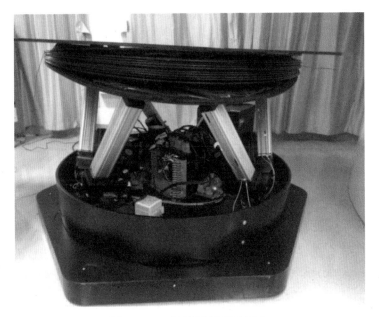

图 4.1 飞行模拟机运动平台

由图 4.1 可知，飞行模拟机运动平台由 6 个圆柱体支腿、9 个通用
铰链和 2 个平台组成，其中下平台固定在基座平面上。飞行模拟机平
台的几何和惯性参数如表 4.1 所示。

表 4.1 飞行模拟机平台的几何和惯性参数

参　数	数　　值	单　位
上平台半径	2	m
下平台半径	1	m
θ_{Ai}	[0, 60, 120, 180, 240, 300]	(°)
θ_{Bi}	[30, 30, 150, 150, 270, 270]	(°)
m_p	1 150	kg

（续　表）

参　数	数　值	单　位
m_{i_1}	85	kg
m_{i_2}	22	kg
c_{i_1}	0.75	m
c_{i_2}	0.75	m
$I_{xx,p}$	570	kg·m²
$I_{yy,p}$	285	kg·m²
$I_{zz,p}$	285	kg·m²
$I_{xx,c_{i_1}}$	16	kg·m²
$I_{yy,c_{i_1}}$	16	kg·m²
$I_{zz,c_{i_1}}$	0	kg·m²
$I_{xx,c_{i_2}}$	4.1	kg·m²
$I_{yy,c_{i_2}}$	4.1	kg·m²
$I_{zz,c_{i_2}}$	0	kg·m²
g	[0，9.8，0]	N/kg

4.3　仿真参考路径信息

可以根据式（3.12）的飞行模拟机仿真平台动力学方程，由控制器计算执行器所需的力，控制平台的运动，达到跟踪期望参考输出轨迹的目的，以平台的位置和姿态向量 $X=[x\theta]^{\mathrm{T}}$ 作为平台的坐标。其中，平台的位置向量可表示为 $x=\begin{bmatrix}x_{\mathrm{p}}y_{\mathrm{p}}z_{\mathrm{p}}\end{bmatrix}^{\mathrm{T}}$，平台的姿态向量可表示为

$\boldsymbol{\theta} = \begin{bmatrix} \theta_{x_{\mathrm{p}}} \theta_{y_{\mathrm{p}}} \theta_{z_{\mathrm{p}}} \end{bmatrix}^{\mathrm{T}}$。式（4.1）给出了使用正弦函数建立的平台位置和姿态的参考路径：

$$r = \begin{bmatrix} \boldsymbol{x}_{\mathrm{plan}} \\ \boldsymbol{\theta}_{\mathrm{plan}} \end{bmatrix} = \begin{bmatrix} \boldsymbol{x}_r + \boldsymbol{A}_r \sin\left(\omega_{\mathrm{plan}} t\right) \\ \boldsymbol{A}_o \sin\left(\omega_{\mathrm{plan}} t\right) \end{bmatrix} \qquad （4.1）$$

可以使用平台的线速度和角速度向量 $\dot{\boldsymbol{r}} = \begin{bmatrix} \boldsymbol{v}_{\mathrm{plan}} \boldsymbol{\omega}_{\mathrm{plan}} \end{bmatrix}^{\mathrm{T}}$ 作为平台的坐标。通过对式（4.1）求时间的微分可以得到式（4.2）所示的平台线速度和角速度的参考信息：

$$\dot{\boldsymbol{r}} = \begin{bmatrix} \boldsymbol{v}_{\mathrm{plan}} \\ \boldsymbol{\omega}_{\mathrm{plan}} \end{bmatrix} = \begin{bmatrix} \boldsymbol{A}_r \omega_{\mathrm{plan}} \cos\left(\omega_{\mathrm{plan}} t\right) \\ \boldsymbol{A}_o \omega_{\mathrm{plan}} \cos\left(\omega_{\mathrm{plan}} t\right) \end{bmatrix} \qquad （4.2）$$

用于飞行模拟机仿真平台期望轨迹规划的参数值如表 4.2 所示。

表 4.2　控制仿真参数值

参　　数	数　　值	单　　位
$\boldsymbol{x}_0$	$[0,0,0.48]^{\mathrm{T}}$	m
$\dot{\boldsymbol{x}}_0$	$[0,1.0,0]^{\mathrm{T}}$	m²
$\boldsymbol{r}_{\mathrm{step}}$	$[0.2,0.3,0.78,0.25,0.5,1.0]^{\mathrm{T}}$	m
$\dot{\boldsymbol{r}}_{\mathrm{step}}$	$[0,0,0,0,0,0]^{\mathrm{T}}$	m²
$\boldsymbol{x}_r$	$[0,0,0.2]^{\mathrm{T}}$	m
$\boldsymbol{A}_r$	$[0.2,0.3,0.14]^{\mathrm{T}}$	m
$\boldsymbol{A}_o$	$[0.25,0.5,1.0]^{\mathrm{T}}$	°
ω_{plan}	1.6	rad/s
k	80	—
L	15 000　0	—
ω_{n}	diag[10,　10,　10,　10,　10,　10]	—
ξ	diag[0.7,　0.7,　0.7,　0.7,　0.7,　0.7]	—

（续　表）

参　数	数　值	单　位
ω	$\omega \in [0.8, 1.2]$	—
$\theta(t)$	$\|\theta(t)\| \leqslant 3\,800$	—
$\sigma(t)$	$\|\sigma(t)\| \leqslant 400$	—

4.4　L1 自适应控制系统参数设置

在飞行模拟机平台的初始位置垂直高度 $\boldsymbol{x}_0 = \begin{bmatrix} 0 & 0 & 3.0 \end{bmatrix}^{\mathrm{T}}$，垂向速度 $\dot{\boldsymbol{x}}_0 = \begin{bmatrix} 0 & 0 & 1.0 \end{bmatrix}^{\mathrm{T}}$ 处，对模拟机系统的状态转移矩阵进行分析，发现系统是可控的。根据表 4.1 中的平台几何和惯性参量，计算式（3.12）中动力学方程的参数，即

$$\boldsymbol{A} = \begin{bmatrix} 0_{6\times6} & I_{6\times6} \\ 0_{6\times6} & -M_0^{-1}C_0 \end{bmatrix} \quad \boldsymbol{B} = \begin{bmatrix} 0_{6\times6} \\ M_0^{-1} \end{bmatrix}$$

$$\boldsymbol{M}_0 = 10^3 \begin{bmatrix} 1.267\,8 & -0.000\,0 & 0.000\,0 & 0.000\,0 & 0.001\,6 & -0.000\,0 \\ -0.000\,0 & 1.267\,8 & -0.000\,0 & -0.001\,6 & 0.000\,0 & -0.000\,0 \\ -0.000\,0 & -0.000\,0 & 1.279\,8 & 0.000\,0 & 0.000\,0 & -0.000\,0 \\ 0.000\,0 & -0.001\,6 & 0.000\,0 & 0.634\,9 & -0.000\,0 & -0.000\,0 \\ 0.001\,6 & 0.000\,0 & -0.000\,0 & -0.000\,0 & 0.349\,9 & 0.000\,0 \\ -0.000\,0 & -0.000\,0 & -0.000\,0 & -0.000\,0 & 0.000\,0 & 0.403\,2 \end{bmatrix}$$

$$\boldsymbol{C}_0 = \begin{bmatrix} -4.335\,6 & 0.000\,0 & 0.000\,0 & 0.000\,0 & -1.057\,9 & 0.000\,0 \\ 0.000\,0 & -4.335\,6 & -0.000\,0 & -1.057\,9 & -0.000\,0 & 0.000\,0 \\ 0.000\,0 & -0.000\,0 & 0.002\,3 & 0.000\,0 & -0.000\,0 & -0.000\,0 \\ 0.000\,0 & 0.530\,5 & -0.000\,0 & 0.001\,1 & -0.000\,0 & 0.000\,0 \\ -0.530\,5 & -0.000\,0 & -0.000\,0 & 0.000\,0 & 0.001\,1 & 0.000\,0 \\ -0.000\,0 & -0.000\,0 & 0.000\,0 & -0.000\,0 & 0.000\,0 & -4.335\,9 \end{bmatrix}$$

$$G_0 = 10^4 \begin{bmatrix} 0 & 0 & 1.2688 & 0 & 0 & 0 \end{bmatrix}^T \quad (4.3)$$

式中，M_0、C_0和G_0分别为参数矩阵M、C和G在初始平衡位置的初始值矩阵。

由于矩阵A不满足 Hurwitz 条件，因此需要引入反馈控制使系统$A_m = A - BK_m$满足 Hurwitz 条件。

可以使用以下状态方程作为 L1 自适应控制系统的参考系统：

$$\dot{x}(t) = A_m x(t) + b k_g u_m(t) \quad (4.4)$$

式中，

$$A_m = \begin{bmatrix} 0_{6 \times 6} & I_{6 \times 6} \\ -\omega_n^2 & -2\xi\omega_n \end{bmatrix}$$

$$b = \begin{bmatrix} 0_{6 \times 6} & M_0^{-1} \end{bmatrix}^T$$

$$k_g = -\left(c A_m^{-1} b \right)^{-1} \quad (4.5)$$

进而可以求出ω，θ和σ的积分初始值$\hat{\omega}(0)$，$\hat{\theta}(0)$和$\hat{\sigma}(0)$：

$$\hat{\omega}(0) = \begin{bmatrix} I_{6 \times 6} \end{bmatrix}$$

$$\hat{\theta}(0) = \begin{bmatrix} M_0 \omega_n^2 & 2M_0 \xi \omega_n - C_0 \end{bmatrix}$$

$$\hat{\sigma}(0) = \begin{bmatrix} -G_0 \end{bmatrix} \quad (4.6)$$

进一步可以得到如下自适应律：

$$\dot{\hat{\omega}}_j(t) = \Gamma \text{Proj}\left(\hat{\omega}_j(t), -b^T Pe(t) u^T(t) \right)$$

$$\dot{\hat{\theta}}_i(t) = \Gamma \text{Proj}\left(\hat{\theta}_i(t), -b^T Pe(t) x^T(t) \right)$$

$$\dot{\hat{\sigma}}(t) = \Gamma \text{Proj}\left(\hat{\sigma}(t), -b^T Pe(t) \right) \quad (4.7)$$

为简单起见，选取$(s) = \dfrac{1}{s} I_{6 \times 6}$，则对应的$C(s)$为

$$C(s) = \frac{\omega_c K D(s)}{1 + \omega_c K D(s)} \quad (4.8)$$

式中，$K = kI_{6\times6}, k > 0$。

在 L1 自适应控制器的设计中，需要对参数进行估计，以确定参数的变化范围。本书主要使用实验法来估计 ω, θ 和 σ 的边界。首先，根据初始值 $\hat{\omega}(0)$，$\hat{\theta}(0)$ 和 $\hat{\sigma}(0)$ 对 ω, θ 和 σ 估计一个较大的边界，然后，对系统施加控制输入 $r = [1.0\sin(\pi t), 1.0\sin(\pi t), 3.0 + 0.5\sin(\pi t), \pi/12 \cdot \sin(\pi t), \pi/6 \cdot \sin(\pi t), \pi/3 \cdot \sin(\pi t)]$，并对系统施加外部的扰动。最后，得到运动系统复杂状态下参数 ω, θ 和 σ 的精确边界值[91]。

图 4.2 是参数 σ 的数据曲线。可得到 σ 的边界为 $|\sigma_i(t)| \leqslant 14\,000$，$i = [1, \cdots, 6]$。

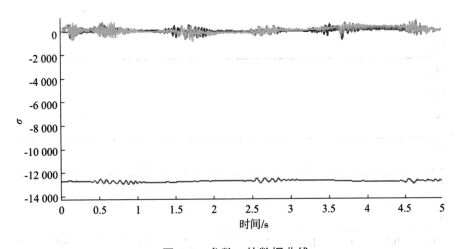

图 4.2　参数 σ 的数据曲线

图 4.3 给出了参数 ω 的数据曲线。因为 $\omega \in \mathbb{R}^{6\times6}$ 的对角线上的值最重要，因此给出了其对角线上的 6 组数据，得到 ω 的边界为 $\omega_i \in [0.81.2]$，$i = [1, \cdots, 6]$。同理，可得到参数 θ 的边界值：$|\theta_i(t)| \leqslant 130\,000$，$i = [1, \cdots, 6]$，其数据曲线如图 4.4 所示。

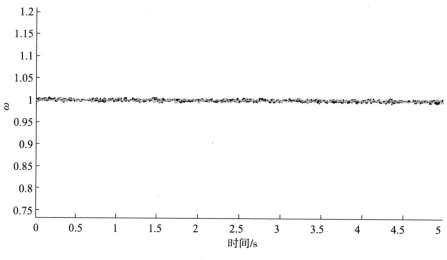

图 4.3　参数 ω 的数据曲线

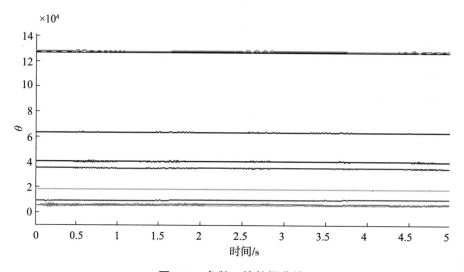

图 4.4　参数 θ 的数据曲线

　　通过图 4.4 和相关计算可以直接确定参数 $L=150\ 000$，同时可以获得 $\|G(s)\|_{L1} L$。图 4.5 给出了 $\lambda =\|G(s)\|_{L1} L$ 相对于低通滤波器 ω_c 的带宽 [92]。取低通滤波器的截止频率为 $\omega_c = 0.8$，可以得到 $k=80$ 满足 L1 增益的上边界。

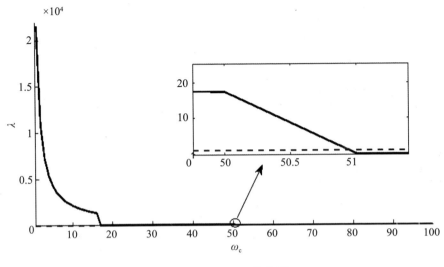

图 4.5　$\lambda - \omega_c$ 曲线图

4.5　实验结果分析

　　本章通过实验测试了控制系统的阶跃响应、频率响应和复杂状态的轨迹跟踪性能，验证了不同仿真模式下 L1 自适应控制系统的性能。此外，由于模拟机平台存在未建模动态、非线性摩擦、平台负载质量变化等扰动，还进行了具有输入高频扰动的阶跃响应测试和具有状态扰动的频率响应测试实验，通过结果对比，验证了 L1 自适应控制的鲁棒性能。

4.5.1　模拟机系统横向和俯仰自由度阶跃响应仿真分析

　　图 4.6 ～图 4.9 分别比较了飞行模拟机横向加速度和俯仰角速度通道中 L1 自适应控制和 MRAC 的阶跃响应轨迹跟踪情况，以及阶跃响应轨迹跟踪实验中模拟机支腿力的分布情况。从实验结果可以看出，

L1 自适应控制器保留了 MRAC 系统良好的瞬时响应特性，且 L1 自适应控制器的瞬时输出力峰值明显低于 MRAC 控制器，有效地降低了对驱动器输出能力的要求。

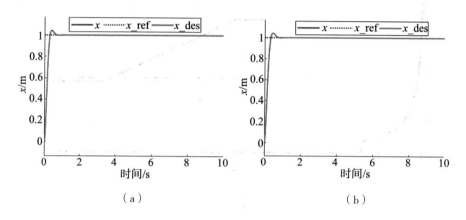

（a）　　　　　　　　　　　（b）

图 4.6　L1 自适应控制与 MRAC 横向加速度阶跃响应对比图

（a）L1 自适应控制阶跃响应曲线；（b）MRAC 阶跃响应曲线

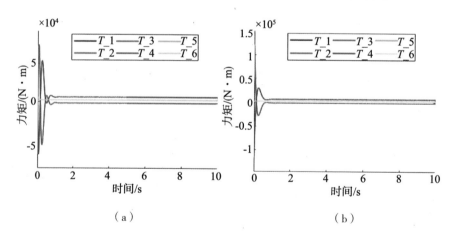

（a）　　　　　　　　　　　（b）

图 4.7　L1 自适应控制与 MRAC 横向加速度阶跃响应支腿力分布对比图

（a）L1 自适应控制阶跃响应支腿力分布；（b）MRAC 阶跃响应支腿力分布

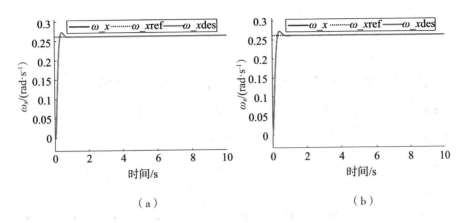

图 4.8　L1 自适应控制与 MRAC 俯仰角速度通道阶跃响应对比图

（a）L1 自适应控制阶跃响应曲线；（b）MRAC 阶跃响应曲线

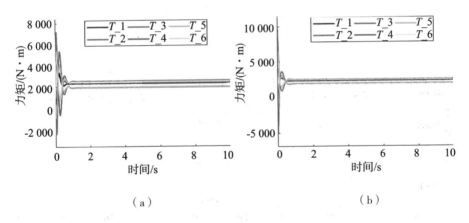

图 4.9　L1 自适应控制与 MRAC 俯仰角速度阶跃响应支腿力对比图

（a）L1 自适应控制阶跃响应支腿力分布；（b）MRAC 阶跃响应支腿力分布

4.5.2　模拟机系统横向和俯仰自由度频率响应仿真分析

图 4.10 ～图 4.13 分别比较了飞行模拟机横向加速度和俯仰角速度通道中 MRAC 和 L1 自适应控制的频率响应轨迹跟踪情况，以及频率

响应轨迹跟踪实验中模拟机支腿力的分布情况。从实验结果可以看出，L1 自适应控制器保留了 MRAC 系统良好的动态特性。

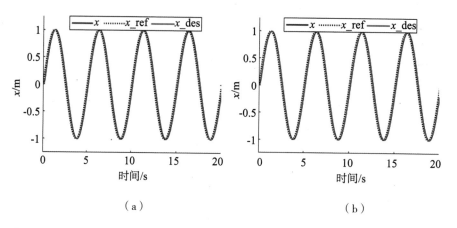

（a）　　　　　　　　　　　　（b）

图 4.10　L1 自适应控制与 MRAC 横向加速度频率响应对比图

（a）L1 自适应控制频率响应曲线；（b）MRAC 频率响应曲线

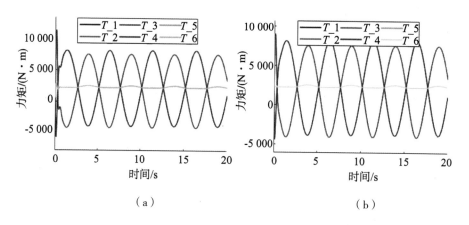

（a）　　　　　　　　　　　　（b）

图 4.11　L1 自适应控制与 MRAC 横向加速度频率响应支腿力对比图

（a）L1 自适应控制频率响应支腿力；（b）MRAC 频率响应支腿力

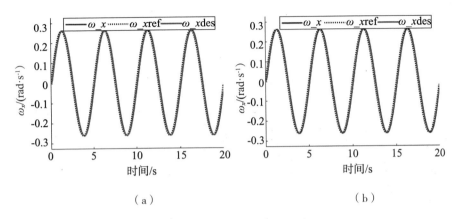

（a）　　　　　　　　　　　　　　（b）

图 4.12　L1 自适应控制与 MRAC 俯仰角速度频率响应对比图

（a）L1 自适应控制频率响应曲线；（b）MRAC 频率响应曲线

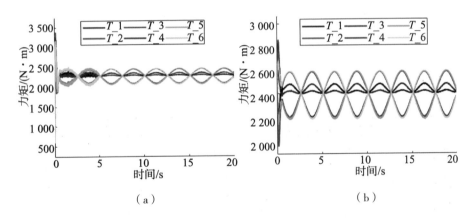

（a）　　　　　　　　　　　　　　（b）

图 4.13　L1 自适应控制与 MRAC 俯仰角速度频率响应支腿力对比图

（a）L1 自适应控制频率响应支腿力曲线；（b）MRAC 频率响应支腿力曲线

4.5.3　模拟机系统横向和俯仰自由度复杂状态仿真分析

图 4.14～图 4.17 分别比较了飞行模拟机横向加速度和俯仰角速度通道中 L1 自适应控制和 MRAC 复杂状态的轨迹跟踪情况，以及复杂状态轨迹跟踪实验中模拟机支腿力的分布情况。从实验结果可以看出，

L1 自适应控制器达到了 MRAC 控制器的良好跟踪性能，可以实现复杂状态下大过载和大角速度变化率情况下的轨迹跟踪性能。

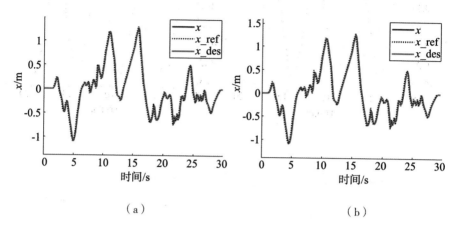

（a） （b）

图 4.14 L1 自适应控制与 MRAC 复杂状态横向加速度轨迹跟踪对比图

（a）L1 自适应控制复杂状态轨迹跟踪曲线；（b）MRAC 复杂状态轨迹跟踪曲线

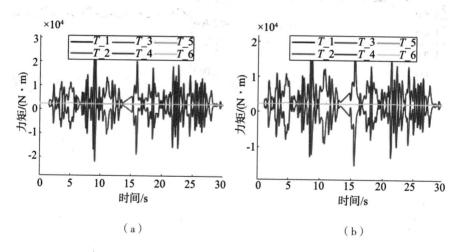

（a） （b）

图 4.15 L1 自适应控制与 MRAC 复杂状态横向加速度支腿力对比图

（a）L1 自适应控制复杂状态支腿力曲线；（b）MRAC 复杂状态支腿力曲线

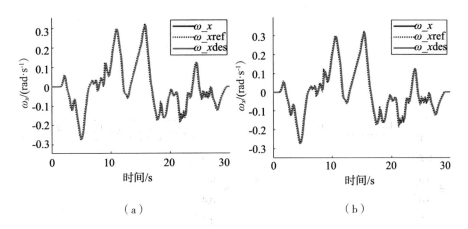

（a）　　　　　　　　　　　（b）

图 4.16　L1 自适应控制与 MRAC 复杂状态俯仰角速度轨迹跟踪对比图

（a）L1 自适应控制复杂状态跟踪曲线；（b）MRAC 复杂状态跟踪曲线

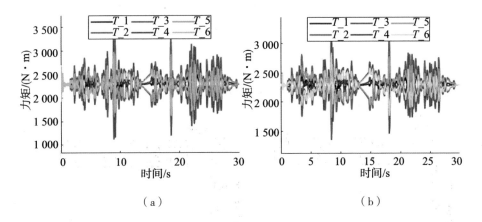

（a）　　　　　　　　　　　（b）

图 4.17　L1 自适应控制与 MRAC 复杂通道俯仰角速度支腿力分布对比图

（a）L1 自适应控制复杂状态支腿力曲线；（b）MRAC 复杂状态支腿力曲线

4.5.4　具有输入高频噪声扰动的阶跃响应仿真分析

图 4.18 ～图 4.21 分别比较了飞行模拟机具有输入高频噪声扰动的横向加速度和俯仰角速度通道中 L1 自适应控制和 MRAC 阶跃信号的

轨迹跟踪情况，以及相应的支腿力的分布情况。从实验结果可以看出，L1 自适应控制器具有与 MRAC 控制器相似的瞬态性能，且由于 L1 自适应控制器控制通道中加入了高通滤波器，因此极大地降低了输入信号的高频噪声对系统的影响，增加了系统的鲁棒性。

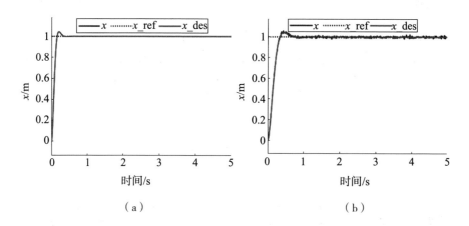

（a） （b）

图 4.18　高频输入扰动下不同控制系统横向加速度阶跃响应对比图

（a）L1 自适应控制阶跃信号跟踪曲线；（b）MRAC 阶跃信号跟踪曲线

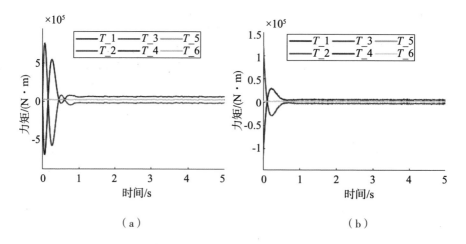

（a） （b）

图 4.19　高频输入扰动下不同控制系统横向加速度阶跃响应支腿力对比图

（a）L1 自适应控制阶跃信号支腿力分布；（b）MRAC 阶跃信号支腿力分布

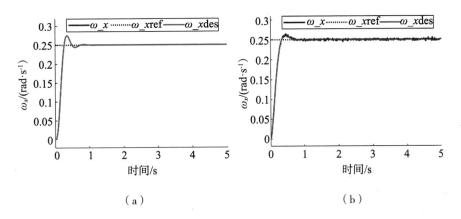

图 4.20　高频输入扰动下不同控制系统俯仰角速度阶跃响应对比图

（a）L1 自适应控制阶跃信号轨迹跟踪；（b）MRAC 阶跃信号轨迹跟踪

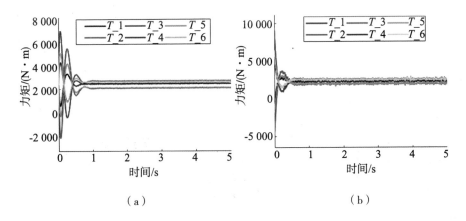

图 4.21　高频输入扰动下不同控制系统俯仰角速度阶跃响应支腿力对比图

（a）L1 自适应控制阶跃信号支腿力分布；（b）MRAC 阶跃信号支腿力分布

4.5.5　具有状态噪声扰动的频率响应仿真分析

图 4.22 ～图 4.25 分别比较了飞行模拟机具有状态噪声扰动的横向加速度和俯仰角速度通道中 L1 自适应控制和 MRAC 阶跃信号的轨迹跟踪情况，以及相应的支腿力的分布情况。从实验结果可以看出，L1

自适应控制器具有与 MRAC 控制器相似的瞬态性能，且由于 L1 自适应控制器控制信号与误差信号存在分离设计，因此可以设计系统的自适应增益任意大，使系统的误差信号变小，极大地降低了状态噪声对系统稳定性的影响，提高了系统的稳态性能。

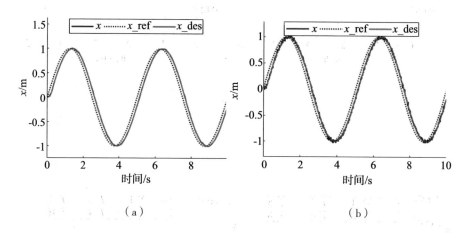

（a）　　　　　　　　　　　（b）

图 4.22　状态扰动下不同控制系统横向加速度频率响应对比图

（a）L1 自适应控制频率信号跟踪曲线；（b）MRAC 频率信号跟踪曲线

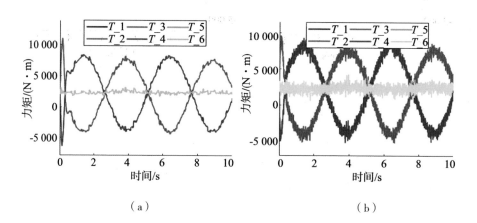

（a）　　　　　　　　　　　（b）

图 4.23　状态扰动下不同控制系统横向加速度阶跃响应支腿力对比图

（a）L1 自适应控制频率信号支腿力分布；（b）MRAC 频率信号支腿力分布

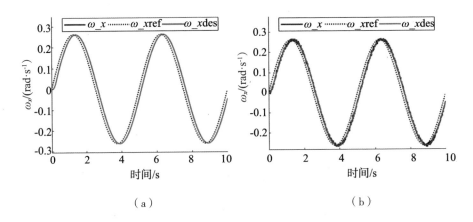

（a）　　　　　　　　　　　　（b）

图 4.24　状态扰动下不同控制系统俯仰角速度频率响应对比图

（a）L1 自适应控制频率信号跟踪曲线；（b）MRAC 频率信号跟踪曲线

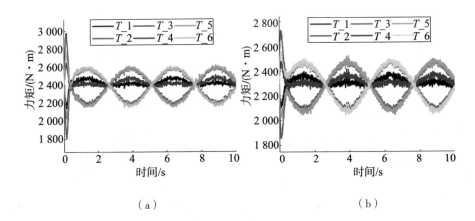

（a）　　　　　　　　　　　　（b）

图 4.25　状态扰动下不同控制系统俯仰角速度频率响应支腿力对比图

（a）L1 自适应控制频率信号支腿力分布；（b）MRAC 频率信号支腿力分布

4.6 本章小结

    本章首先介绍了模拟机平台的参数信息和仿真路径信息，然后给出了 L1 自适应控制系统参数设置的具体方法，以及控制系统 L1 增益上边界的确定方法，在确定了 L1 增益上边界数值以后，就可以任意设置系统的自适应增益的大小，使控制系统的跟踪误差变小。随后，以横向位置跟踪和滚转角姿态跟踪作为控制目标，对系统进行了仿真分析，进行了各项仿真实验，验证了系统的瞬态特性和鲁棒性。将设计的 L1 自适应控制系统与传统模型参考自适应控制系统进行了比较，利用样例飞行模拟机平台对 L1 自适应控制系统的瞬态特性、频率特性、复杂轨迹的跟踪特性和抗干扰特性展开仿真测试，验证了 L1 自适应控制系统在保证精确轨迹跟踪的同时具备良好的鲁棒性。L1 自适应控制系统精确的轨迹跟踪能力使其在模拟机复杂飞行状态预防及改出训练中对保证飞行模拟机动感模拟的逼真度方面起到了积极作用。

第 5 章　　非线性模型预测动感模拟
算法的预测模型设计

5.1　概述

　　飞行模拟机动感模拟的逼真度主要取决于动感模拟系统的洗出算法，良好的洗出算法可以避免飞行员在进行复杂飞行状态预防及改出训练时由于感官感知的运动信息差异所造成的仿真病，能够有效地提高飞行模拟机动感模拟的逼真度。本书提出了一种具有可切换控制系统的非线性模型预测动感模拟算法，本章主要完成了非线性模型预测动感模拟算法预测模型的建模设计工作。

　　人体主要通过视觉、耳内的前庭系统和位于本体的许多感受器感知运动，人脑整合来自视觉、前庭、本体和触觉传感器的信息，以获得身体位置、运动和加速度的感觉。所以，非线性模型预测动感模拟算法的预测模型包含人体的前庭系统模型。此外，考虑到飞行模拟机平台运动范围有限，无法模拟真实飞行的持续加速感觉，需要在洗出算法中加入倾斜协调，通过重力在纵向或横向的分量作用于前庭系统来模拟持续加速度信息。并且，为重力惯性信号提供主要信息来源的感受器位于人耳内的前庭系统。所以，非线性模型预测动感模拟算法控制系统的预测模型还包含具有倾斜协调作用的前庭模型。最后，考虑到飞行模拟机的工作空间有限，其旋转角度和平移位移都受到平台物理极限的限制，需要考虑预测控制输入对执行器的影响，要对模拟机驱动器长度和速度进行约束。因此，非线性模型预测动感模拟算法的预测模型还应包含平台支腿长度与平台速度关系的运动学模型。基于以上考虑,本章分别对前庭系统、倾斜协调、平台非线性运动学进行了建模和融合,设计了非线性模型预测动感模拟算法的预测模型。

5.2 预备知识

5.2.1 人体前庭系统结构

为重力等惯性信号提供主要信息来源的器官是前庭系统。前庭系统由三个半规管和耳石器组成。前庭内部充满液体,人在运动的时候会推动前庭器官内部的液体流动,流动的液体会使器官壁上面的纤毛受力弯曲,产生生物电,这种生物电传递给大脑,使人产生运动感觉。半规管主要感知角加速度信号,耳石主要感知线加速度信号。图 5.1 为位于人体内耳的前庭系统结构示意图。

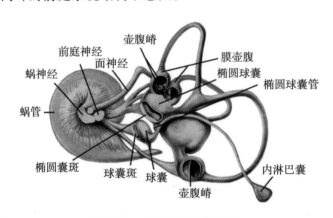

图 5.1 人体耳内前庭系统

早在 19 世纪 70 年代,有学者就对前庭系统感知运动的机理进行了建模分析[87],2000 年,又有人提出前庭系统线性模型[88],本书采用的是格雷厄姆(Graham)等提出来的线性前庭系统模型[95]。

5.2.2　参考坐标系

非线性模型预测动感模拟算法的模型需要对人体的前庭系统进行建模，前庭系统的输入信号是驾驶员的眼点处的线加速度和角加速度信号。所以，需要将飞机的机体坐标系 I 下的线加速度和角加速度信号转换为驾驶员的眼点坐标系 F 下的信号，q 为机体坐标系下机体坐标系原点 I_o 到驾驶员眼点坐标系原点 F_o 的偏移向量。飞机的参考坐标系如图 5.2 所示。

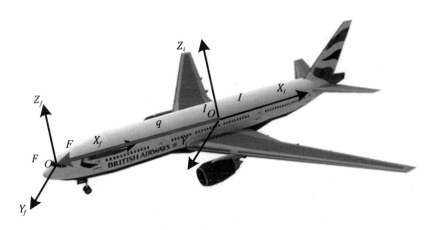

图 5.2　飞机的参考坐标系

图 5.3 为本书采用的 6 自由度的 Stewart 平台的几何结构，该运动平台可以在横向、纵向和垂向三个平移方向和三个旋转方向上进行运动，进而能够模拟悬浮物体的空中运动[96]。

模拟机平台共分为惯性坐标系、平台坐标系和眼点坐标系等三个坐标系。惯性坐标系固定在平台基座的质心上，不会随平台进行移动，对应的坐标系用 O 表示。平台坐标系固定在动平台的质心上，会随着平台一起运动，对应的坐标系用 P 表示。眼点坐标系固定在驾驶员的头部并随之移动，原点与驾驶员的眼点重合，对应的坐标系用 D 表示。

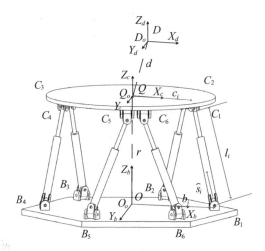

图 5.3　模拟机平台几何结构及参考坐标系

5.3　人体前庭运动感知模型

5.3.1　半规管模型

半规管是主要负责感知旋转运动的感觉器官，由充满液体的半圆形管构成，大致位于人头部的三个正交轴上。当人体经历旋转加速时，半规管可以感知旋转的运动信息。半规管也被称为人体的角速度传感器。人体的半规管模型如图 5.4 所示[97]。

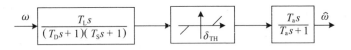

图 5.4　人体的半规管数学模型

在图 5.4 中，前庭模型的输入角速度信号 ω 直接被传递到半规管的动力学模型中，该模型被建模为一个过阻尼的扭摆系统，然后信号通

过一个阈值 δ_{TH} 来模拟人体的感知阈值。为了表示人体对旋转运动的洗出反应，信号会通过一阶高通滤波器，进而被转换成人动感受到的角速度 $\hat{\omega}$。由于人动感知阈值的存在，人体的半规管系统是一个高度非线性的系统，这对于建立最优控制模型以及求解造成很大的困难。所以，在建模时先不考虑阈值，把人体的半规管系统转变为线性系统模型，然后在优化约束里面通过对阈值添加约束进行处理。线性半规管模型的传递函数为

$$\frac{\hat{\omega}}{\omega} = \frac{T_{\mathrm{L}}T_{\mathrm{a}}s^2}{(T_{\mathrm{L}}s+1)(T_{\mathrm{a}}s+1)(T_{\mathrm{S}}s+1)} \tag{5.1}$$

半规管的动力学模型可以写成如下状态空间的形式：

$$\dot{\boldsymbol{x}}_{\mathrm{c}} = \boldsymbol{A}_{\mathrm{c}}\boldsymbol{x}_{\mathrm{c}} + \boldsymbol{B}_{\mathrm{c}}\omega$$
$$\hat{\omega} = \boldsymbol{C}_{\mathrm{c}}\boldsymbol{x}_{\mathrm{c}} \tag{5.2}$$

式中，$\boldsymbol{x}_{\mathrm{c}}$ 为半规管模型的状态向量；ω 为输入角速度；$\hat{\omega}$ 为预测角速度；$\boldsymbol{A}_{\mathrm{c}}$、$\boldsymbol{B}_{\mathrm{c}}$ 和 $\boldsymbol{C}_{\mathrm{c}}$ 为

$$\boldsymbol{A}_{\mathrm{c}} = \begin{bmatrix} -a_2 & 1 & 0 \\ -a_1 & 0 & 1 \\ -a_0 & 0 & 0 \end{bmatrix}, \ a_0 = \frac{1}{T_{\mathrm{L}}T_{\mathrm{S}}T_{\mathrm{a}}}, \ a_1 = \frac{1}{T_{\mathrm{L}}T_{\mathrm{S}}} + \frac{1}{T_{\mathrm{L}}T_{\mathrm{a}}} + \frac{1}{T_{\mathrm{S}}T_{\mathrm{a}}}, \ a_2 = \frac{1}{T_{\mathrm{L}}} + \frac{1}{T_{\mathrm{a}}} + \frac{1}{T_{\mathrm{S}}}$$

$$\boldsymbol{B}_{\mathrm{c}} = \begin{bmatrix} b_2 \\ 0 \\ 0 \end{bmatrix}, \ b_2 = T_{\mathrm{S}}^{-1}$$

$$\boldsymbol{C}_{\mathrm{c}} = \begin{bmatrix} 1 & 0 & 0 \end{bmatrix} \tag{5.3}$$

以上半规管的传递函数是单个旋转自由度的，不同自由度的传递函数形式一致，但传递函数的参数不同。表 5.1 给出了 x、y 和 z 三个自由度的半规管模型参数。

表 5.1　半规管模型参数

参数	T_L	T_S	T_a	δ_{TH} / ($°\cdot s^{-1}$)
x 轴（俯仰）	6.10	0.10	30.0	3.2
y 轴（滚转）	5.30	0.10	30.0	3.6
z 轴（偏航）	10.2	0.10	30.0	2.6

由于每个旋转自由度需要单独使用此半规管模型，所以半规管三个自由度的完整模型为

$$\dot{x}_{scc} = A_{scc} x_{scc} + B_{scc} \omega_{scc}$$

$$\hat{\omega}_{scc} = C_{scc} x_{scc} \tag{5.4}$$

式中，$x_{scc} = \begin{bmatrix} x_{c,x} x_{c,y} x_{c,z} \end{bmatrix}^T \in \mathbb{R}^{9\times1}$ 为状态向量；$\omega_{scc} = \begin{bmatrix} \omega_x \omega_y \omega_z \end{bmatrix}^T \in \mathbb{R}^{3\times1}$ 为 x、y 和 z 轴的输入角速度向量；$\hat{\omega}_{scc} = \begin{bmatrix} \hat{\omega}_x \hat{\omega}_y \hat{\omega}_z \end{bmatrix}^T \in \mathbb{R}^{3\times1}$ 为预测输出角速度；矩阵 $A_{scc} \in \mathbb{R}^{9\times9}$，$B_{scc} \in \mathbb{R}^{9\times3}$，$C_{scc} \in \mathbb{R}^{3\times9}$ 为

$$A_{scc} = \begin{bmatrix} A_{c,x} & & \\ & A_{c,y} & \\ & & A_{c,z} \end{bmatrix}, \quad B_{scc} = \begin{bmatrix} B_{c,x} & & \\ & B_{c,y} & \\ & & B_{c,z} \end{bmatrix}, \quad C_{scc} = \begin{bmatrix} C_{c,x} & & \\ & C_{c,y} & \\ & & C_{c,z} \end{bmatrix}$$

$$\tag{5.5}$$

半规管传递函数模型的俯仰、滚转和偏航的伯德（Bode）图如图 5.5 所示。通过半规管器官的 Bode 图可以发现，人体半规管对低频角速度信号不敏感，对特别高的高频角速度信号也不敏感。也就是说，半规管器官类似于带通滤波器。此外，半规管器官对角速度存在一个门限值，当前庭系统的俯仰、滚转和偏航角速度低于 3.6°/s、3°/s 和 2.6°/s 时，人体就无法察觉到角速度的变化。

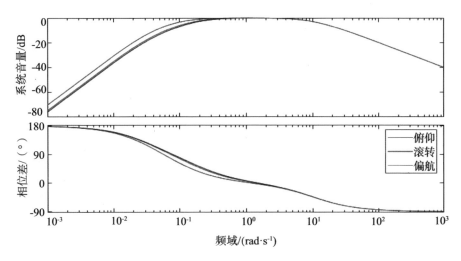

图 5.5　人体半规管模型的 Bode 图

5.3.2　耳石模型

耳石器官是感受线加速运动和重力变化的感知器官，这说明它是一个过阻尼的二阶系统[94]。耳石系统相当于安装在刚性悬臂弹簧末端的碳酸钙块，当头部加速时，碳酸钙颗粒会导致神经细胞偏转，神经元的放电速率与偏转成正比。与半规管模型一样，本书采用文献 [82] 中的耳石模型，其模型框图如图 5.6 所示。

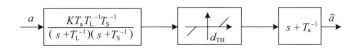

图 5.6　人体耳石数学模型

与半规管模型类似，耳石数学模型的第一部分代表耳石器官的动力学模型，其输入是线加速度信号 a。中间部分是人体对加速度的感知阈值 d_{TH}。最后一部分代表神经处理的一阶前导项。其输出是人动感受到的加速度 $\hat{a}$。同样，在最优控制的建模过程中通常会忽略阈值参数。因此，耳石模型的传递函数如式（5.6）所示。

$$\frac{\hat{a}}{a} = \frac{K(\Gamma_a s + 1)}{(\Gamma_L s + 1)(\Gamma_S s + 1)} \tag{5.6}$$

式（5.6）中，耳石系统的动力学方程可以转换成如式（5.7）所示的状态空间的形式：

$$\dot{x}_o = A_o x_o + B_o a$$
$$\hat{a} = C_o x_o \tag{5.7}$$

式中，x_o 为耳石模型的状态向量；a 为输入线加速度；$\hat{a}$ 为预测线加速度；A_o、B_o 和 C_o 为

$$A_o = \begin{bmatrix} -c_1 & 1 \\ -c_0 & 0 \end{bmatrix}, \quad c_0 = \frac{1}{\Gamma_L \Gamma_S}, \quad c_1 = \frac{1}{\Gamma_L} + \frac{1}{\Gamma_S}$$

$$B_o = \begin{bmatrix} d_1 \\ d_0 \end{bmatrix}, \quad d_0 = \frac{K}{\Gamma_L \Gamma_S}, \quad d_1 = \frac{K\Gamma_a}{\Gamma_L \Gamma_S}$$

$$C_o = \begin{bmatrix} 1 & 0 \end{bmatrix} \tag{5.8}$$

同样，耳石的传递函数是单个旋转自由度的，不同自由度的传递函数形式一致。表 5.2 给出了 x、y 和 z 三个自由度的耳石模型参数。

表 5.2　耳石模型参数

参数	Γ_L	Γ_S	Γ_a	K	$d_{TH} / (\text{m} \cdot \text{s}^{-2})$
x 轴（横向）	5.33	0.66	13.2	0.40	0.17
y 轴（纵向）	5.33	0.66	13.2	0.40	0.17
z 轴（垂向）	5.33	0.66	13.2	0.40	0.28

由于每个旋转自由度需要单独使用此耳石模型，所以耳石三个自由度的完整模型为

$$\dot{x}_{\text{oth}} = A_{\text{oth}} x_{\text{oth}} + B_{\text{oth}} a_{\text{oth}}$$
$$\hat{a}_{\text{oth}} = C_{\text{oth}} x_{\text{oth}} \tag{5.9}$$

式中，$\boldsymbol{x}_{\text{oth}} = \left[x_{o,x}\, x_{o,y}\, x_{o,z} \right]^{\text{T}} \in \mathbb{R}^{6\times 1}$ 为状态向量；$\boldsymbol{a}_{\text{oth}} = \left[a_x\, a_y\, a_z \right]^{\text{T}} \in \mathbb{R}^{3\times 1}$ 为 x、y 和 z 轴的输入线加速度向量；$\hat{\boldsymbol{a}}_{\text{oth}} = \left[\hat{a}_x\, \hat{a}_y\, \hat{a}_z \right]^{\text{T}} \in \mathbb{R}^{3\times 1}$ 为预测输出线加速度；矩阵 $\boldsymbol{A}_{\text{oth}} \in \mathbb{R}^{6\times 6}$，$\boldsymbol{B}_{\text{oth}} \in \mathbb{R}^{6\times 3}$，$\boldsymbol{C}_{\text{oth}} \in \mathbb{R}^{3\times 6}$ 为

$$\boldsymbol{A}_{\text{oth}} = \begin{bmatrix} A_{o,x} & & \\ & A_{o,y} & \\ & & A_{o,z} \end{bmatrix}, \ \boldsymbol{B}_{\text{oth}} = \begin{bmatrix} B_{o,x} & & \\ & B_{o,y} & \\ & & B_{o,z} \end{bmatrix}, \ \boldsymbol{C}_{\text{oth}} = \begin{bmatrix} C_{o,x} & & \\ & C_{o,y} & \\ & & C_{o,z} \end{bmatrix}$$

$$(5.10)$$

耳石传递函数模型的横向、纵向和垂向的 Bode 图如图 5.7 所示。通过耳石器官的 Bode 图可以发现，耳石对低频加速度信号不敏感，对特别高的高频线加速度信号也不敏感。与半规管器官类似，耳石器官也类似于带通滤波器。并且，耳石器官对线加速度也存在一个门限值，当人体前庭系统的纵向和横向线加速度低于 0.17 m/s²、垂向线加速度低于 0.28 m/s² 时，人体就察觉不到线加速度运动的存在。

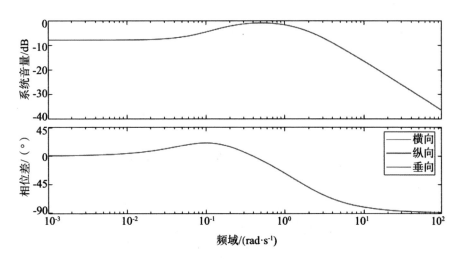

图 5.7　人体耳石模型的 Bode 图

5.3.3　倾斜协调模型

由于模拟机平台运动空间有限，无法模拟持续加速度运动，所以需要通过倾斜协调，借助重力加速度在横向和纵向的分量来实现[92]，如果视觉信息相应地旋转，则这与具有相同方向和强度的线加速度是不可区分的。由于倾斜协调会产生额外的角速度信号，所以应该对模拟机倾斜协调的角速度进行限制，使其不超过人体所能感受的门限值。也就是说，倾斜协调的主要目标是把加速度信号的低频分量转换成模拟机平台的倾斜角度，其原理如图 5.8 所示。

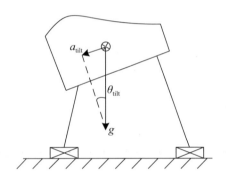

图 5.8　模拟机横向和纵向倾斜协调原理图

由倾斜协调的原理图可推导出倾斜协调线加速度与倾斜角度的计算公式：

$$\theta_{\text{tilt}} = \arcsin\left(\frac{a_{\text{tilt}}}{g}\right) \quad\quad (5.11)$$

式中，θ_{tilt} 为倾斜协调的角度（rad）；a_{tilt} 为倾斜协调产生的线加速度分量（m/s²）；g 为重力加速度（m/s²）。

倾斜协调在产生纵向和横向线加速度分量的时候，垂向的重力加速度分量会有所减小。当倾斜角度达到一定限度的时候，垂向的重力加速度分量因减小会被人体察觉，降低洗出算法的逼真度。所以，通常倾斜协调产生的角度不能过大，一般不应超过 25°，对应的能模拟的持续线加速度也不大于 4.1 m/s²。鉴于倾斜协调产生的角度一般都比较小，所以式（5.11）可以简化为

$$\theta_{\text{tilt}} = \frac{a_{\text{tilt}}}{g} \qquad (5.12)$$

目前，对 MPC 洗出算法的研究文献 [93–94] 对这部分的建模普遍通过惯性重力矢量 g 的旋转得到作用在非惯性驱动器坐标系上的重力矢量分量 a_{tilt}。然后将倾斜协调产生的加速度与平台的高频加速度信号一起传递给耳石模型，即

$$\boldsymbol{a}_{\text{oth}} = \begin{bmatrix} a_x \\ a_y \\ a_z \end{bmatrix} - \boldsymbol{g}_{\text{tilt}} = \begin{bmatrix} a_x \\ a_y \\ a_z \end{bmatrix} - R_y\left(\theta_{\text{tilt},y}\right) \bullet R_x\left(\theta_{\text{tilt},x}\right) \bullet \begin{bmatrix} 0 \\ 0 \\ g \end{bmatrix} = \begin{bmatrix} a_x + g\sin\theta_{\text{tilt},x} \\ a_y - g\cos\theta_{\text{tilt},x}\sin\theta_{\text{tilt},y} \\ a_z - g\cos\theta_{\text{tilt},x}\cos\theta_{\text{tilt},y} \end{bmatrix}$$

$$\boldsymbol{a}_{\text{oth}} \approx \begin{bmatrix} a_x + g\theta_x \\ a_y - g\theta_y \\ a_z - g \end{bmatrix} \qquad (5.13)$$

式中，a_x、a_y 和 a_z 分别为横向、纵向和垂向的线加速度（m/s²）；$\boldsymbol{g}_{\text{tilt}}$ 为三轴的倾斜协调加速度矢量（m/s²）；θ_x 和 θ_y 分别为横向和纵向的平台倾斜角度（rad）。

由于这种方法在实验过程中会给调试造成很大的不便，很难协调好瞬时加速度和倾斜协调加速度的比例，并且由于倾斜协调通道的线加速度源于平台重力在横向和纵向的分量，考虑到系统的控制输入为平台的加速度，为了简化预测模型，对倾斜协调加入积分环节，使倾斜协调的输入由原来的平台倾斜角度转换为平台的倾斜角速度。鉴于此，这里需对倾斜协调单独建立数学模型。倾斜协调模型与耳石模型一致，不同之处在于倾斜协调通道在耳石模型的基础上加了积分环节，把模型的输入由原来的平台倾斜角度产生的重力加速度在横向或纵向

的分量转化为平台倾斜协调运动的倾斜加速度，其数学模型如图 5.9 所示。

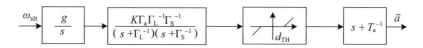

图 5.9　模拟机倾斜协调数学模型

倾斜协调的传递函数为

$$\frac{\hat{a}_t}{\omega_{tilt}} = \frac{g \cdot K(\Gamma_a s + 1)}{s(\Gamma_L s + 1)(\Gamma_S s + 1)} \tag{5.14}$$

式（5.14）中倾斜协调的动力学方程可以转换成如下状态空间的形式：

$$\dot{x}_t = A_t x_t + B_t \omega_{tilt}$$
$$\hat{a}_t = C_t x_t \tag{5.15}$$

式中，x_t 为倾斜协调模型的状态向量；$\hat{a}$ 为预测线加速度；A_t、B_t 和 C_t 为

$$A_t = \begin{bmatrix} -c_1 & 1 & 0 \\ -c_0 & 0 & 1 \\ 0 & 0 & 0 \end{bmatrix}, \quad c_0 = \frac{1}{\Gamma_L \Gamma_S}, \quad c_1 = \frac{1}{\Gamma_L} + \frac{1}{\Gamma_S}$$

$$B_t = \begin{bmatrix} 0 \\ h_1 \\ h_0 \end{bmatrix}, \quad h_0 = \frac{g \cdot K}{\Gamma_L \Gamma_S}, \quad h_1 = \frac{g \cdot K\Gamma_a}{\Gamma_L \Gamma_S}$$

$$C_t = \begin{bmatrix} 1 & 0 & 0 \end{bmatrix} \tag{5.16}$$

由于倾斜协调只能在横向和纵向产生加速度分量，所以倾斜协调在这两个自由度的完整模型为

$$\dot{x}_{tilt} = A_{tilt} x_{tilt} + B_{tilt} \omega_{tilt}$$
$$\hat{a}_{tilt} = C_{tilt} x_{tilt} \tag{5.17}$$

式中，$\boldsymbol{x}_{\text{tilt}} = \left[x_{\text{tilt},x}^{\text{T}} x_{\text{tilt},y}^{\text{T}} \right]^{\text{T}} \in \mathbb{R}^{6 \times 1}$ 为状态向量；$\boldsymbol{\omega}_{\text{tilt}} = \left[\omega_{\text{tilt},x} \omega_{\text{tilt},y} \right]^{\text{T}} \in \mathbb{R}^{2 \times 1}$ 为 x 轴和 y 轴的输入角速度向量；$\hat{\boldsymbol{a}}_{\text{tilt}} = \left[\hat{a}_{\text{t},x} \hat{a}_{\text{t},y} \right]^{\text{T}} \in \mathbb{R}^{2 \times 1}$ 为预测输出线加速度；矩阵 $\boldsymbol{A}_{\text{tilt}} \in \mathbb{R}^{6 \times 6}$，$\boldsymbol{B}_{\text{tilt}} \in \mathbb{R}^{6 \times 2}$，$\boldsymbol{C}_{\text{tilt}} \in \mathbb{R}^{2 \times 6}$ 分别为

$$\boldsymbol{A}_{\text{tilt}} = \begin{bmatrix} A_{\text{t},x} & \\ & A_{\text{t},y} \end{bmatrix}, \ \boldsymbol{B}_{\text{tilt}} = \begin{bmatrix} B_{\text{t},x} & \\ & B_{\text{t},y} \end{bmatrix}, \ \boldsymbol{C}_{\text{tilt}} = \begin{bmatrix} C_{\text{t},x} & \\ & C_{\text{t},y} \end{bmatrix} \quad (5.18)$$

图 5.10 为倾斜协调传递函数模型的横向和纵向 Bode 图。通过倾斜协调的 Bode 图可以发现，人体对倾斜协调产生的线加速度依赖耳石器官对线加速度信号的感知，所以倾斜协调模块与耳石器官类似，相当于一个带通滤波器，其同样对低频线平台倾斜角速度信号不敏感，对特别高的高频平台倾斜角速度信号也不敏感。因为积分环节的存在，倾斜协调通道的输入信号的初始相位差存在 90° 的偏转。并且，倾斜协调模型对平台倾斜角速度也存在一个门限值，当人体前庭系统的纵向和横向角速度低于 3°/s 时，人体就察觉不到倾斜角速度运动的存在。

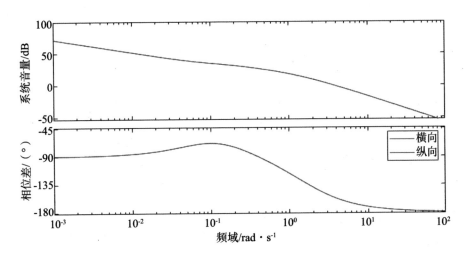

图 5.10　倾斜协调模型的 Bode 图

5.3.4 融合的飞机驾驶员前庭系统模型

飞机驾驶员的前庭系统模型不包括倾斜协调，只需通过整合半规管和耳石器官的状态空间模型就可以对整个前庭系统进行建模，其状态空间表达式为

$$\dot{x}_a = A_a x_a + B_a u_a$$
$$y_a = C_a x_a \qquad (5.19)$$

式中，$x_a = \left[x_{oth}^T x_{scc}^T \right]^T \in \mathbb{R}^{15 \times 1}$ 为状态向量；$u_a = \left[a_a^I \omega_a^I \right]^T \in \mathbb{R}^{15 \times 1}$ 为输入加速度向量；$y_a = \left[\hat{a}_a^F \hat{\omega}_a^F \right]^T \in \mathbb{R}^{6 \times 1}$ 为预测输出加速度；矩阵 $A_a \in \mathbb{R}^{15 \times 15}$，$B_a \in \mathbb{R}^{15 \times 15}$，$C_a \in \mathbb{R}^{6 \times 15}$ 分别为

$$A_a = \begin{bmatrix} A_{oth} & 0_{6 \times 9} \\ 0_{9 \times 6} & A_{scc} \end{bmatrix}, \ B_a = \begin{bmatrix} B_{oth} & 0_{6 \times 3} \\ 0_{9 \times 3} & B_{scc} \end{bmatrix}, \ C_a = \begin{bmatrix} C_{oth} & 0_{3 \times 9} \\ 0_{3 \times 6} & C_{scc} \end{bmatrix} \quad (5.20)$$

对于飞机系统来说，人们已知的是飞机机体坐标系下的飞机的状态信息，而驾驶员前庭系统的输入信号是在驾驶员的眼点坐标系下的。因此，需要把已知的飞机机体坐标系下的输入信号转换成驾驶员眼点坐标系下的前庭系统输入信号。

对于前庭系统的角速度输入信号来说，假定飞机的机体坐标系和人体的眼点坐标系是相对不变的刚性系统，则二者的加速度是不变的，也就是说飞机驾驶员眼点坐标系下的角速度 ω_a^I 与飞机机体坐标系下的角速度 ω_a^F 是相等的，即

$$\omega_a^F = \omega_a^I \qquad (5.21)$$

对应的从飞机机体坐标系转换到驾驶员眼点坐标系的线加速度的转换关系为

$$a_a^F = a_a^I + v_a^I \times q + \omega_a^I \times \omega_a^I \times q \qquad (5.22)$$

式中，a_a^F 为飞机驾驶员眼点坐标系下的线加速度；a_a^I 为机体坐标系下飞机的线加速度；ω_a^I 为飞机机体坐标系下飞机的角速度；向量 $\boldsymbol{r}=\begin{bmatrix} r_1 & r_2 & r_3 \end{bmatrix}$ 的叉乘运算可以通过以下叉乘矩阵实现：

$$\boldsymbol{r}_{\times}=\begin{bmatrix} 0 & -r_3 & r_2 \\ r_3 & 0 & -r_1 \\ -r_2 & r_1 & 0 \end{bmatrix} \tag{5.23}$$

5.3.5　融合的模拟机驾驶员前庭系统模型

模拟机驾驶员的前庭系统模型应包括倾斜协调，需要对半规管、耳石和倾斜协调的状态空间模型进行整合，整合后的前庭系统模型状态空间表达式为

$$\dot{\boldsymbol{x}}_P = \boldsymbol{A}_P \boldsymbol{x}_P + \boldsymbol{B}_P \boldsymbol{u}_P$$
$$\boldsymbol{y}_P = \boldsymbol{C}_P \boldsymbol{x}_P \tag{5.24}$$

式中：$\boldsymbol{x}_p=\begin{bmatrix} x_{\text{oth}}^T & x_{\text{tilt}}^T & x_{\text{scc}}^T \end{bmatrix}^T \in \mathbb{R}^{21\times1}$ 为状态向量；$\boldsymbol{u}_p=\begin{bmatrix} a_P^D & \omega_{P,\text{tilt}}^D & \omega_{P,\text{rot}}^D \end{bmatrix}^T \in \mathbb{R}^{8\times1}$ 为输入加速度向量；$\boldsymbol{y}_p=\begin{bmatrix} \hat{a}_P^D & \hat{a}_{P,\text{tilt}}^D & \hat{\omega}_{P,\text{rot}}^D \end{bmatrix}^T \in \mathbb{R}^{8\times1}$ 为预测输出加速度；矩阵 $\boldsymbol{A}_p \in \mathbb{R}^{15\times15}$，$\boldsymbol{B}_p \in \mathbb{R}^{21\times8}$，$\boldsymbol{C}_p \in \mathbb{R}^{8\times21}$ 分别为

$$\boldsymbol{A}_p=\begin{bmatrix} A_{\text{oth}} & 0_{6\times6} & 0_{6\times9} \\ 0_{6\times6} & A_{\text{tilt}} & 0_{6\times9} \\ 0_{9\times6} & 0_{9\times6} & A_{\text{scc}} \end{bmatrix}, \quad \boldsymbol{B}_p=\begin{bmatrix} B_{\text{oth}} & 0_{6\times2} & 0_{6\times3} \\ 0_{6\times3} & B_{\text{tilt}} & 0_{6\times3} \\ 0_{9\times3} & 0_{9\times2} & B_{\text{scc}} \end{bmatrix}, \quad \boldsymbol{C}_p=\begin{bmatrix} C_{\text{oth}} & 0_{3\times6} & 0_{3\times9} \\ 0_{2\times6} & C_{\text{tilt}} & 0_{2\times9} \\ 0_{3\times6} & 0_{3\times6} & C_{\text{scc}} \end{bmatrix}$$

$$\tag{5.25}$$

对于模拟机运动平台来说，其是在惯性坐标系中进行控制的。因此，需要将模拟机运动平台在惯性坐标系下的状态转换到眼点坐标系下。从惯性坐标系转换到眼点坐标系的线加速度为

$$a_P^D = a_P^O + v_P^O \times \left(\boldsymbol{R}_P^O \boldsymbol{q}^P \right) + \omega_P^O \times \omega_P^O \times \left(\boldsymbol{R}_P^O \boldsymbol{q}^P \right) \tag{5.26}$$

式中，a_P^D 为模拟机驾驶员眼点坐标系下的线加速度；a_P^O 为惯性坐标系

下模拟机的线加速度；$\omega_{\mathrm{P}}^{\mathrm{O}}$ 为惯性坐标系下模拟机的角速度；q^{P} 为平台坐标系下平台坐标系原点到驾驶员眼点坐标系原点的矢量；惯性坐标系到平台坐标系的旋转矩阵为

$$\boldsymbol{R}_{\mathrm{P}}^{\mathrm{O}} = \begin{bmatrix} c\psi^{\mathrm{O}}c\varphi^{\mathrm{O}} - c\theta^{\mathrm{O}}s\varphi^{\mathrm{O}}s\psi^{\mathrm{O}} & -s\psi^{\mathrm{O}}c\varphi^{\mathrm{O}} - c\theta^{\mathrm{O}}s\varphi^{\mathrm{O}}c\psi^{\mathrm{O}} & s\theta^{\mathrm{O}}s\varphi^{\mathrm{O}} \\ c\psi^{\mathrm{O}}s\varphi^{\mathrm{O}} + c\theta^{\mathrm{O}}c\varphi^{\mathrm{O}}s\psi^{\mathrm{O}} & -s\psi^{\mathrm{O}}s\varphi^{\mathrm{O}} + c\theta^{\mathrm{O}}c\varphi^{\mathrm{O}}c\psi^{\mathrm{O}} & -s\theta^{\mathrm{O}}c\varphi^{\mathrm{O}} \\ s\psi^{\mathrm{O}}s\theta^{\mathrm{O}} & c\psi^{\mathrm{O}}s\theta^{\mathrm{O}} & c\theta^{\mathrm{O}} \end{bmatrix} \quad (5.27)$$

此外，从惯性坐标系转换到眼点坐标系的角加速度可以通过

$$\omega_{\mathrm{P}}^{\mathrm{D}} = \boldsymbol{C}_{\mathrm{D}}^{\mathrm{O}} \omega_{\mathrm{P}}^{\mathrm{O}} \quad (5.28)$$

实现。式中，$\boldsymbol{C}_{\mathrm{D}}^{\mathrm{O}}$ 是按照滚动 – 俯仰 – 偏转（$\varphi-\theta-\psi$）欧拉角得到的旋转矩阵。由于模拟机平台含有转台，所以只需将滚动和俯仰角应用于 Stewart 机构即可，偏转角可以直接应用于转台。旋转矩阵为

$$\boldsymbol{C}_{\mathrm{D}}^{\mathrm{O}} = \begin{bmatrix} 0 & \cos\varphi^{\mathrm{O}} & \sin\varphi^{\mathrm{O}}\sin\theta^{\mathrm{O}} \\ 0 & \sin\varphi^{\mathrm{O}} & -\cos\varphi^{\mathrm{O}}\sin\theta^{\mathrm{O}} \\ 1 & 0 & \cos\theta^{\mathrm{O}} \end{bmatrix} \quad (5.29)$$

5.4 飞行模拟机运动学模型

运动平台模型被非线性模型预测动感模拟算法用来管理模拟机的工作空间，由于平台是 6 自由度的，所以平台的工作空间是一个 6 维的复杂体。工作空间的边界是由一个或多个支腿的长度限制形成的，在工作空间中，平台可以自由移动。平台的可行工作空间为根据系统的当前状态，系统在未来可以自由移动的空间。

目前，用于管理工作空间的方法有以下两种：一种是利用 6 自由

度模拟机平台的正向运动学，根据平台的位置和姿态（或支腿的长度）计算平台的可行工作空间，生成的工作空间是一个 6 维的复杂体；另一种是利用 6 自由度模拟机平台的逆运动学，直接根据支腿的长度确定平台的可行工作空间，随后根据允许的致动器长度添加固定约束。

　　由于平台的每个自由度间具有高度耦合性，所以采用第一种方法需要根据系统的当前状态实时计算平台的可行工作空间，并且需要在每个时间步更新约束。因为每个支腿的行程限制是相互独立的，且支腿的边界是恒定的，所以采用支腿的长度作为约束会极大地简化计算，因此，本书以限制支腿的长度作为工作空间管理的策略。为了在支腿空间中应用约束，需要将模拟机的姿态转换为支腿长度。

　　为了获得支腿的长度，需要先把求解每条支腿的封闭环方程写为

$$c_i = r + R_P^O \cdot c_i^P \tag{5.30}$$

式中，r 为运动平台上 P_o 在惯性坐标系中的位置向量；c_i 为平台与支腿的连接点在惯性坐标系中的位置向量；c_i^P 为平台与支腿的连接点在平台坐标系中的位置向量；R_P^O 为运动平台姿态的旋转矩阵，即

$$R_P^O = \begin{bmatrix} c\psi c\varphi - c\theta s\varphi s\psi & -s\psi c\varphi - c\theta s\varphi c\psi & s\theta s\varphi \\ c\psi s\varphi + c\theta c\varphi s\psi & -s\psi s\varphi + c\theta c\varphi c\psi & -s\theta c\varphi \\ s\psi s\theta & c\psi s\theta & c\theta \end{bmatrix} \tag{5.31}$$

式中，s 和 c 分别为正弦函数和余弦函数。

　　每条支腿的封闭环方程可写为

$$L_i = l_i \cdot \hat{s}_i = c_i - b_i = r + R_P^O \cdot c_i^P - b_i \tag{5.32}$$

式中，L_i 为第 i 条支腿的向量；l_i 为第 i 条支腿的长度；$\hat{s}_i$ 为第 i 条支腿的单位方向向量；b_i 为基座与支腿连接点在惯性坐标系中的位置向量。

　　第 i 条支腿的长度为

$$l_i = \sqrt{L_i \cdot L_i} \tag{5.33}$$

式（5.30）～式（5.33）为 Stewart 运动平台逆向运动学问题的解决方案，由笛卡尔坐标系下给定平台的位置和姿态确定平台 6 个支腿的长度。沿第 i 条支腿的单位方向向量为

$$\boldsymbol{n}_i = \boldsymbol{L}_i / l_i \tag{5.34}$$

进一步，可以通过对式（5.33）求时间的导数，求导后的表达式为

$$\dot{l}_i = \frac{\mathrm{d}}{\mathrm{d}t}\left(\sqrt{\boldsymbol{L}_i \cdot \boldsymbol{L}_i}\right) \tag{5.35}$$

$\dot{l}_i$ 是一个关于平台线速度 v_p 和角速度 ω_p 的高度非线性函数，即

$$\dot{l}_i = h(\boldsymbol{x}_l) \tag{5.36}$$

式中，$l_1 = \begin{bmatrix} v_p \, \omega_p \end{bmatrix}^{\mathrm{T}} \in \mathbb{R}^{6\times1}$ 为平台的运动速度矢量。

5.5　组合系统的预测模型

组合系统模型包含加入倾斜协调的前庭系统模型和模拟机运动平台的运动学模型。模拟机惯性坐标系中省去下标标识，组合系统的状态方程为

$$\dot{\boldsymbol{x}}_t = \begin{cases} \dot{\boldsymbol{r}}_p = \boldsymbol{v}_p \\ \dot{\boldsymbol{v}}_p = \boldsymbol{a}_p \\ \dot{\boldsymbol{\beta}}_{p,\mathrm{rot}} = \boldsymbol{\omega}_{p,\mathrm{rot}} \\ \dot{\boldsymbol{\beta}}_{p,\mathrm{tilt}} = \boldsymbol{\omega}_{p,\mathrm{tilt}} \\ \dot{\boldsymbol{x}}_p = \boldsymbol{A}_p \boldsymbol{x}_p + \boldsymbol{B}_p \left[\boldsymbol{a}_P^{\mathrm{D}} ; \boldsymbol{\omega}_{P,\mathrm{tilt}}^{\mathrm{D}} ; \boldsymbol{\omega}_{P,\mathrm{rot}}^{\mathrm{D}} \right] \\ \dot{l}_i = h(\boldsymbol{v}_p, \boldsymbol{\omega}_p) \end{cases} \tag{5.37}$$

且满足：

$$a_P^D = a_p + v_p \times \left(R_P^O q^P \right) + \omega_p \times \omega_p \times \left(R_P^O q^P \right)$$

$$\omega_{P,rot}^D = C_D^O \omega_{p,rot}$$

$$\omega_{P,tilt}^D = C_D^O \omega_{p,tilt}$$

$$\omega_p = \omega_{p,rot} + \omega_{p,tilt} \tag{5.38}$$

式中，r_p 为模拟机运动平台的线位移矢量；v_p 为平台的线速度矢量；a_p 为平台的线加速度矢量；β_p 为平台的角位移矢量；ω_p 为平台的角速度矢量。

系统的输出方程为

$$y_t = x_t \tag{5.39}$$

组合后的系统可以进一步表示为

$$\dot{x}_t = f_t(x_t, u_t)$$

$$y_t = g_t\left(x_t \right) \tag{5.40}$$

系统的状态向量为

$$x_t = \left[r_p v_p \beta_{p,rot} \beta_{p,tilt} x_p l_i \right]^T \tag{5.41}$$

系统的输入向量为

$$u_t = \left[a_p \omega_{p,rot} \omega_{p,tilt} \right]^T \tag{5.42}$$

离散化后系统的模型可以表示为

$$x_{k+1} = f\left(x_k, u_k \right)$$

$$y_{k+1} = g\left(x_{k+1} \right) \tag{5.43}$$

飞机复杂飞行状态动感模拟技术

5.6 本章小结

本章建立了非线性模型预测动感模拟算法的预测模型，对含倾斜协调的人体前庭系统进行了建模，对人动感知加速度的耳石模型进行二次设计得到了倾斜协调模型，建立了倾斜协调角速度和倾斜协调产生的加速度的关系。前庭系统模型融合耳石模型、半规管模型和倾斜协调模型，可以提高飞行仿真时动感模拟的逼真度。为有效地利用平台的工作空间，排除模拟机因超出运行范围而产生的错误信息，在模型中加入基于 Stewart 平台运动学关系的平台运动学模型，该模型建立了模拟机支腿长度与平台运行状态的非线性变化关系。该建模方法以前庭系统感知的运动信息为控制目标，考虑到平台的运行空间约束，可以最大化模拟机的动感模拟逼真度。

由于飞行模拟机运行空间有限，如何利用模拟机有限的运行空间模拟飞机无限空间的运动状态，最大限度地发挥模拟机的性能，是模拟机动感模拟的核心。对于预测控制仿真模拟来说，优化预测建模是关键，它在一定程度上揭示了系统间的内在规律。因此，不断优化洗出算法预测模型的建模技术，对深入了解模拟机非线性运动响应、约束条件，以及实现预测控制系统升级具有实际意义。

第 6 章　非线性模型预测动感模拟算法设计与稳定性分析

6.1　概述

　　模型预测控制通过系统模型和系统当前状态来预测有限预测时域内未来状态的变化，在控制时域上导出最优控制序列，然后将第一个控制输入应用于实际系统，并在下一个时刻重复相同的过程。因此，模型预测控制的输入可以看作一个非线性状态反馈控制输入，它通过反复解决优化问题而在线获得，该优化问题遵循系统预测模型的同时，在每个时间步最小化目标函数。此外，模型预测控制在其在线优化过程中全面考虑了各种约束条件，这是传统的最优经典控制理论无法实现的。综合模型预测控制的这些优点及模拟机系统呈现的高度非线性特性，使非线性模型预测控制方法成为处理模拟机洗出控制问题的理想选择。第 5 章主要完成了非线性模型预测动感模拟算法预测模型的建模设计，本章将进行非线性模型预测动感模拟算法的设计。

　　本章首先介绍了优化问题的原理，讨论了几种典型的非线性预测控制方法。然后在第 5 章建立的预测模型的基础上设计了具有可切换控制系统的非线性模型预测动感模拟算法。可切换控制系统主要由含等式约束（动态约束）的非线性模型预测控制器、不含等式约束（静态约束）的非线性模型预测控制器、自适应权重调节器、切换与混合器、监督控制器等构成。随后对非线性模型预测控制器的阶段代价函数、终端代价函数、终端状态约束集、参考的选取、约束条件、优化控制问题等进行了介绍。最后，对非线性模型预测动感模拟算法的预测控制器参数选择方法进行了研究，对系统的稳定性进行了分析和证明。以飞机机头上扬失速的飞机复杂飞行状态预防及改出训练为例，提出了可切换控制器的预测控制系统的参数调节方法，并验证了系统的相关性能。

6.2　非线性模型预测控制优化问题

模型预测控制可以将系统在未来一段时间的动态作为优化目标，并且在优化过程中能够充分考虑各种约束条件，因而其应用较为广泛。目前，多数模型预测控制系统使用线性模型来描述系统。然而，实际的系统都存在一定的非线性，使用线性模型描述会降低控制精度，更有甚者会导致系统不稳定。所以，针对非线性模型设计非线性模型预测控制系统是未来模型预测控制的研究重点。

6.2.1　约束条件下的非线性优化问题

具有非线性等式和不等式约束的非线性优化问题描述如下，首先定义可行域：

$$\mathbb{S}=\left\{x\in\mathbb{X}:g_i(x)\leqslant0,i=1,\cdots,m,h_i(x)=0,i=1,\cdots,l\right\} \quad （6.1）$$

式中，g_i 为 $\mathbb{R}^n\to\mathbb{R}$ 的 m 个不等式约束；h_i 为 $\mathbb{R}^n\to\mathbb{R}$ 的 l 个等式约束；$\mathbb{X}$ 为 $\mathbb{R}^n$ 中的非空集。定义在可行域 $\mathbb{S}$ 上的非线性优化问题：

$$\min J(x)$$
$$\text{s.t.} g_i(x)\leqslant0,i=1,\cdots,m$$
$$h_i(x)=0,i=1,\cdots,l$$
$$x\in\mathbb{X} \quad （6.2）$$

式（6.2）的非线性规划的最优性条件被称为卡罗需 – 库恩 – 塔克（Karush-Kuhn-Tucker, KKT）条件，定理 1[101] 给出了 KKT 条件的具体表述。

定理 1：KKT 条件。设 $\mathbb{X}$ 是 $\mathbb{R}^n$ 中的非空开集，并且设 J 为 $\mathbb{R}^n \to \mathbb{R}$，$g_i$ 为 $\mathbb{R}^n \to \mathbb{R}$，$i = 1, \cdots, m$，$h_i$ 为 $\mathbb{R}^n \to \mathbb{R}, i = 1, \cdots, l$。设 x^* 是一个可行解，并设 $I = \left\{ i : g_i\left(x^*\right) = 0 \right\}$。假设函数 J 和 g_i 对于 $i \in I$ 在 x^* 处是可微的，对于每一个 $i \notin I$ 的 g_i 在 x^* 处是连续的，且对于 $h_i : i = 1, \cdots, l$ 在 x^* 处是连续可微的。此外，假设 $\nabla g_i\left(x^*\right)^{\mathrm{T}}, i \in I$ 和 $\nabla h_i\left(x^*\right)^{\mathrm{T}}$，$i = 1, \cdots, l$ 都是线性无关的。如果 x^* 是一个局部最优解，那么存在唯一的标量 $u_i : i \in I$ 和 $v_i : i = 1, \cdots, l$ 使下式成立：

$$\nabla J_i\left(x^*\right)^{\mathrm{T}} + \sum_{i \in I} u_i \nabla g_i\left(x^*\right)^{\mathrm{T}} + \sum_{i=1}^{l} v_i \nabla h_i\left(x^*\right)^{\mathrm{T}} = 0 \qquad (6.3)$$

$$u_i \geqslant 0, \ i \in I \qquad (6.4)$$

除此之外，如果 $g_i : i \notin I$ 在 x^* 处也是可微的，则上述条件可以写为

$$\nabla J_i\left(x^*\right)^{\mathrm{T}} + \sum_{i=1}^{m} u_i \nabla g_i\left(x^*\right)^{\mathrm{T}} + \sum_{i=1}^{l} v_i \nabla h_i\left(x^*\right)^{\mathrm{T}} = 0 \qquad (6.5)$$

$$u_i g_i\left(x^*\right) = 0, i = 1, \cdots, m \qquad (6.6)$$

$$u_i \geqslant 0, \ i = 1, \cdots, m \qquad (6.7)$$

式中，标量 u_i 和 v_i 分别为与 m 不等式和 l 等式约束相关的拉格朗日乘子。优化问题 x^* 存在可行解的条件被称为初始必要条件，式（6.5）被称为原始固有条件，式（6.6）被称为对偶可行性条件，式（6.7）被称为互补松弛条件。这些条件被统一成为 KKT 条件，满足这些条件的点被称为 KKT 点。

6.2.2　二次规划问题

二次规划问题（quadratic programming, QP）是比较特殊的非线性规划问题，该问题的特点是约束是线性的，目标函数为二次函数。本书设计的非线性模型预测动感模拟算法的优化函数也是一个 QP 问题，QP 问题的表述如下：

$$\min J(x) = \frac{1}{2} x^{\mathrm{T}} H x + f^{\mathrm{T}} x$$

$$\text{s.t. } A_i x \leqslant b_i$$

$$A_{\mathrm{beq}} x \leqslant b_{\mathrm{beq}} \tag{6.8}$$

下面介绍 QP 问题的 KKT 条件。

初始必要条件：$A_i^{\mathrm{T}} x^* \leqslant b_i$，$A_{\mathrm{beq}}^{\mathrm{T}} x^* = b_{\mathrm{beq}}$。

固有条件：$H x^* + f + A_i u + A_{\mathrm{beq}} v = 0$。

对偶条件：$u \geqslant 0$。

互补松弛条件：$u^{\mathrm{T}} \left(A_i^{\mathrm{T}} x^* - b_i \right) = 0$。

最常用的求解 QP 问题的方法是活动集法和内点法。活动集法与线性规划中的单纯形法非常相似。它迭代地向工作集或活动集添加约束子集，并确定是否需要添加或删除约束以减少目标函数。与多项式复杂度的内点法相比，这些方法的复杂度在问题大小上是指数级的[102]。内点法是求解凸优化问题的一种常用的数值方法，通过引入效用函数的方法将约束优化问题转换成无约束问题，然后进行迭代计算。

目前，常用的针对各种 QP 问题的解算器有 quadprog、qpOASES、MOSEK、FastMPC。文献 [103] 对上述解算器的性能进行了评估，指出了各解算器的优缺点和应用范围。

6.2.3　有限时域的最优控制问题

模型预测控制（MPC）采用的主要方法就是有限时域的滚动优化控制，其基本原理如图 6.1 所示。

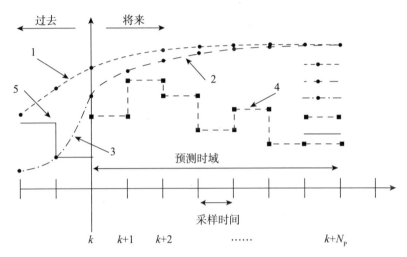

1—参考轨迹；2—预测输出；3—测量输出；4—预测控制量；5—已执行控制量。

图 6.1　MPC 滚动优化控制原理图

约束状态下的有限时域的非线性优化控制问题可由式（6.9）描述：

$$\min_{\boldsymbol{u}} J(k) = f\big(\boldsymbol{x}(k)\big) + \sum_{i=1}^{N} L\big(\boldsymbol{x}(k+i\,|\,k), \boldsymbol{u}(k+i\,|\,k)\big)$$

$$\text{s.t.}\ \ \boldsymbol{x}(k+i\,|\,k) = f\big(\boldsymbol{x}(k+i-1\,|\,k), \boldsymbol{u}(k+i-1\,|\,k)\big)$$

$$\boldsymbol{x}(k+i\,|\,k) \in \mathbb{X}$$

$$\boldsymbol{u}(k+i\,|\,k) \in \mathbb{U}$$

$$h\big(\boldsymbol{x}(k+i\,|\,k), \boldsymbol{u}(k+i\,|\,k)\big) \in \mathbb{H} \qquad （6.9）$$

式中，J_i 为代价函数；$\boldsymbol{x}(k+i\,|\,k) = f\big(\boldsymbol{x}(t+i-1\,|\,t), \boldsymbol{u}(k+i-1\,|\,k)\big)$ 为非线性系统的离散状态空间模型；$\boldsymbol{u}_k$ 为系统的控制输出向量；$\boldsymbol{x}_k$ 为系统的状

态向量；$\mathbb{U}$ 和 $\mathbb{X}$ 分别为相对应的可行域集；$h(\boldsymbol{x}_k,\boldsymbol{u}_k)$ 为状态向量和控制向量的非线性约束函数；$\mathbb{H}$ 为其对应的可行域集。

6.3　非线性模型预测控制方法的选取

线性模型的经典预测控制主要采用内模控制理论[104] 对现有的预测控制算法进行定量分析，以分析系统的稳定性。但对于非线性模型的现代预测控制来说，系统的稳定性主要是通过设计合理的预测控制方法实现的。

将系统状态引导至目标点（原点）的最优控制问题可表述为

$$\min_{u(i,x_1)\in U} J_\infty\left(u,x_1\right)=\sum_{i=1}^\infty q\left(x(i,x_1),u(i,x_1)\right)$$

$$\text{s.t.} x\left(i,x_1\right)=f\left(x(i,x_1),u(i,x_1)\right)$$

$$x\left(i,x_1\right)\in X, u\left(i,x_1\right)\in U \qquad （6.10）$$

式中，$u=\left\{u(0,x_1),u(1,x_1),u(2,x_1),\cdots,u(+\infty,x_1)\right\}$ 为最优输出控制序列；$x(1,x_1)=x_1$，x_1 为优化起点；$q(x,u)$ 为代价函数，其形式为 $q(x,u)=x^{\mathrm{T}}\boldsymbol{Q}x+u^{\mathrm{T}}\boldsymbol{R}u$，$\boldsymbol{Q}$ 和 $\boldsymbol{R}$ 分别为相应的正定矩阵。

模型预测控制采用有限时域的滚动优化策略代替最优控制的无限时域优化，但是需要解决稳定性问题。对于最优控制来说，只要问题存在可行解就可以确保系统是稳定的，但对于预测控制来说则需要在优化过程中添加条件才能确保系统的稳定。常见的预测控制方法有以下几种。

6.3.1　添加终端零状态约束

文献 [105–108] 是添加零状态约束的主要文献。零状态约束主要是对优化最后一步的状态进行零状态约束，即在优化的最后一步需要系统的预测状态到达目标零状态。优化问题方程式如下所述：

$$\min_{u(i,x_0)\in U} J(u,x_0) = \sum_{i=0}^{N-1} q\big(x(i,x_0),u(i,x_0)\big)$$

$$\text{s.t.}\ \ x(i+1,x_0) = f\big(x(i,x_0),u(i,x_0)\big)$$

$$x(i+1,x_0)\in X, u(i,x_0)\in U, i = 0,\cdots,N-1$$

$$x(N,x_0)\in 0 \tag{6.11}$$

式中，x_0 为优化起点；N 为预测步长。

式（6.11）中所有有解的 x 组成的集合被称为添加终端零状态约束控制的吸引域。假设 $J(u,x_0)$ 的极小值为 $J^*(x_0)$，优化问题的最优状态序列为

$$x^*(x_0) = \left\{x^*(1,x_0),\cdots,x^*(N,x_0)\right\} \tag{6.12}$$

优化问题的最优控制序列为

$$u^*(x_0) = \left\{u^*(0,x_0),\cdots,u^*(N-1,x_0)\right\} \tag{6.13}$$

在实际控制中，只需要将最优控制序列的第一个控制量作用于实际系统，进行滚动优化。假设下一时刻的 $J(u,x_1)$ 的极小值为 $J^*(x_1)$，由于末端添加了零状态约束，可得优化问题的最优状态序列为

$$x^*(x_1) = \left\{x^*(2,x_0),\cdots,x^*(N,x_0),0\right\} \tag{6.14}$$

优化问题的最优控制序列为

$$u(x_1) = \left\{u^*(1,x_0),\cdots,u^*(N-1,x_0),0\right\} \tag{6.15}$$

此时，性能指标函数为

$$J\big(u(x_1),x_1\big) - J^*(x_0) = -q\big(x_0,u^*(0,x_0)\big) < 0 \tag{6.16}$$

因此有

$$J^*(x_1) - J^*(x_0) \leqslant J(u(x_1), x_1) - J^*(x_0) < 0 \qquad (6.17)$$

式中，$J^*(\cdot)$既是最优代价函数，也是添加终端零状态约束的李雅普诺夫函数，可以保证非线性模型预测控制系统的稳定性。

添加终端零状态约束的预测控制形式简单，便于理解，但是末端零状态约束的存在使得系统的吸引域较小，应用范围受到了限制。

6.3.2 添加终端状态集约束

与添加零状态约束不同，添加终端状态集约束的最后一步的状态是一个集合，即在优化的最后一步需要系统的预测状态到达目标状态集。优化问题方程式如下：

$$\min_{u(i,x_0) \in U} J(u, x_0) = \sum_{i=0}^{N-1} q\big(x(i, x_0), u(i, x_0)\big)$$

$$\text{s.t.} x(i+1, x_0) = f\big(x(i, x_0), u(i, x_0)\big)$$

$$x(i+1, x_0) \in X, u(i, x_0) \in U, i = 0, \cdots, N-1$$

$$x(N, x_0) \in X_f \qquad (6.18)$$

式（6.18）中，所有有解的 x 组成的集合被称为添加终端状态集约束控制的吸引域。终端状态集约束的控制方法一般是双模控制法，当系统状态在终端状态约束集外部的时候，采用非线性模型预测控制律；当状态进入终端状态约束集内部的时候，使用线性反馈控制律。为了确保系统的稳定性，X_f 需要满足以下条件：

条件 1：X_f 是包含目标点（原点）的闭集。

条件 2：X_f 内部的状态点可以通过相应的状态反馈控制律控制到目标点（原点）。

条件 3：X_f 应是线性反馈控制不变集，也就是说，对所有的内部状态点，满足以下条件：

$$f(x, u_{\text{loc}}) \in X_f \qquad (6.19)$$

式中，$u_{\text{loc}} = K_{\text{loc}} x$ 为线性吸引域内部反馈控制率 K_{loc} 的输出。

添加终端状态集约束的预测控制形式与添加零状态约束的预测控制相似，终端状态集的加入在一定程度上增大了系统的吸引域，但是控制模态的切换给工程应用带来了一定的困难。关于 X_f 的求取及具有终端约束函数的预测控制的稳定性分析比较复杂，文献 [109–110] 有详细的证明过程，这里不做进一步的介绍。

6.3.3　添加终端代价函数约束

文献 [111–112] 对添加终端代价函数约束的预测控制进行了研究。与添加零状态约束和添加终端状态约束集不同，在代价函数中添加终端代价函数可以扩大预测控制的吸引域。优化问题方程式如下：

$$\min_{u(i,x_0) \in U} J(u, x_0) = \sum_{i=0}^{N-1} q\big(x(i,x_0), u(i,x_0)\big) + F\big(x(N,x_0)\big)$$

$$\text{s.t.} x(i+1, x_0) = f\big(x(i,x_0), u(i,x_0)\big)$$

$$x(i+1, x_0) \in X, u(i, x_0) \in U, i = 0, \cdots, N-1 \qquad (6.20)$$

式中，$F(\cdot)$ 为终端代价函数约束，且满足 $F(0) = 0$，$F(x) \geq \alpha(\|x\|)$；$\alpha(\cdot)$ 为 κ 类函数 [α: $R_+ \mapsto R_+$ (R_+ 表示正实数) 递增且连续，并满足 $\alpha(0) = 0$]。

采用终端代价函数约束的控制方法要求系统优化末端的状态会自动进入目标点（原点）的邻域 Ω，该邻域也被称为添加终端代价函数约束控制的吸引域。为保证稳定性，吸引域 Ω 需要满足以下条件：

对 $\forall x \in \Omega$，都有 $u_{\text{loc}} \in U$，则

$$F(x) \geq q(x, u_{\text{loc}}) + F(f(x, u_{\text{loc}})) \qquad (6.21)$$

且有

$$f(x, u_{\text{loc}}) \in \Omega \qquad (6.22)$$

由于终端状态集加入，且没有添加终端状态约束，所以系统的优化计算量比较小，优化时间也比较短，系统的优化末端状态会自动进入原点的邻域，因此吸引域也相对较小。系统的稳定性和添加终端零状态约束的预测控制方法类似，这里不再证明。关于终端代价函数的求取会在终端代价函数小节中进行介绍。

6.3.4 同时添加终端状态集约束和终端代价函数的预测控制

研究同时添加终端状态集约束和终端代价函数的文献不在少数，其中具有代表性的为文献 [113–117]。其优化问题 $P_N(x_0)$ 可被描述为

$$\min_{u(i,x_0)\in U} J(u,x_0) = \sum_{i=0}^{N-1} q\big(x(i,x_0),u(i,x_0)\big) + F\big(x(N,x_0)\big)$$

$$\text{s.t.} x(i+1,x_0) = f\big(x(i,x_0),u(i,x_0)\big)$$

$$x(i+1,x_0) \in X, u(i,x_0) \in U, i=0,\cdots,N-1$$

$$x(N,x_0) \in X_f \tag{6.23}$$

式中，$F(\bullet)$ 为终端代价函数；X_f 为终端状态约束集。

X_f 需满足以下三个条件，才能保证系统的稳定性[118]：

条件 1：X_f 为包含原点并包含于 X 的闭集。

条件 2：对 $\forall x \in X_f$ 都 $\exists u_{\text{loc}} \in U$，使得

$$F(x) \geqslant q(x,u_{\text{loc}}) + F\big(f(x,u_{\text{loc}})\big) \tag{6.24}$$

条件 3：X_f 为控制不变集，即采用条件 2 中的控制作用时，有

$$f(x,u_{\text{loc}}) \in X_f \tag{6.25}$$

相较于其他三种预测控制方法，同时添加终端状态集约束和终端代价函数的预测控制有终端状态集约束的加入，吸引域相对较大，稳定性条件也相对比较容易实现，这是目前为止较为吸引研究者注意的非线性模型预测控制方法，本书也采取这种预测控制法。

6.4 非线性模型预测动感模拟算法的预测控制器设计

  飞行模拟机用于复杂飞行状态预防及改出训练的关键是能充分利用已有的信息（包括飞机非正常飞行状态的参考信息和平台的物理性能限制信息）提高动感模拟的逼真度。无论是经典洗出算法还是模型预测控制洗出算法，在处理复杂飞行状态预防及改出训练的参考轨迹跟踪问题时，都会在改出末端出现如图 6.2 所示的振荡现象。出现振荡现象的主要原因是控制器参数不具备自适应调节或者自适应调节参数失配。

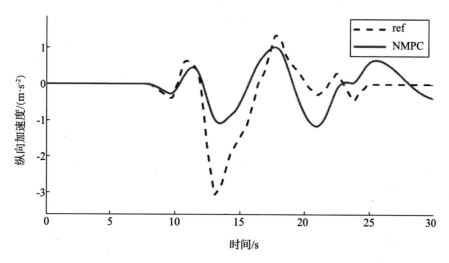

图 6.2　非线性模型预测动感模拟算法纵向加速度轨迹跟踪曲线

  针对图 6.2 中复杂飞行状态预防及改出训练改出阶段出现的振荡现象，本书充分利用飞机飞行状态的参考信息和平台的物理性能限制信息对常规的非线性模型预测控制算法进行了改进。主要是通过添加自适应权重调节器来减小现有的非线性模型预测动感模拟算法复杂飞行

状态预防及改出训练改出阶段出现的振荡现象。图 6.3 为添加自适应权
重调节器的非线性模型预测动感模拟算法纵向加速度通道复杂飞行状
态预防及改出训练轨迹跟踪曲线。

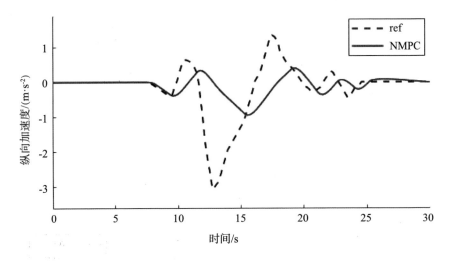

图 6.3 添加自适应权重调节器的非线性模型预测动感模拟算法纵向加速度
跟踪曲线

要想在失控预防及改出的改出阶段完全消除振荡偏移，还需要对
自适应权重调节器进行非常精确的调节。基于此，设计的非线性模型
预测动感模拟算法针对飞行模拟机最重要的含有倾斜协调的横向和纵
向加速度通道加入等式约束，以达到对复杂飞行状态预防及改出训练
的改出阶段精确跟踪的目的。添加终端等式约束的非线性模型预测动
感模拟算法纵向加速度通道复杂飞行状态预防及改出训练轨迹跟踪曲
线如图 6.4 所示。

图 6.5 为具有等式约束和自适应权重调节器的非线性模型预测动
感模拟算法构架。可切换控制器主要由含等式约束的非线性模型预测
控制器、不含等式约束的非线性模型预测控制器、自适应权重调节器、
切换与混合器、监督控制器等构成。

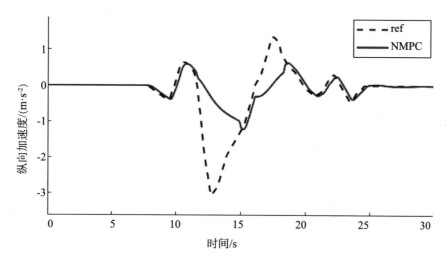

图 6.4　添加终端等式约束的非线性模型预测动感模拟算法纵向加速度跟踪曲线

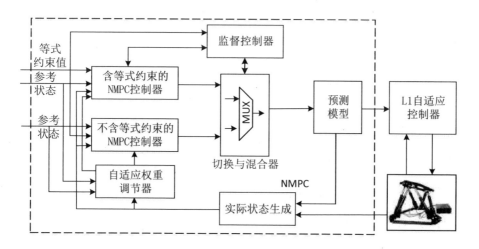

图 6.5　非线性模型预测动感模拟算法原理框图

　　对于含有等式约束的非线性模型预测控制器来说，等式约束是强约束，为了保证控制器有解，还要对控制器进行如下改进设计：通过只对优化问题的预测步长的最后一步添加等式约束（而非优化计算的每一步都添加等式约束）的方法，增大等式约束非线性模型预测动感模拟算法可行解的范围，并且通过扩大预测步长来扩大可行解的范围。

含有等式约束的非线性预测控制器在加速度变化比较剧烈的时候会出现无解的情况，因此设计了不含等式约束的非线性模型预测控制器。当纵向或横向加速度通道的等式约束非线性模型预测控制器无解的时候，切换到不含等式约束的非线性模型预测控制器，并进行大致跟踪。

监督控制器的主要作用是监督两个控制器的状态，当满足切换条件的时候进行通道切换。含等式约束的非线性模型预测控制器向不含等式约束的非线性模型预测控制器切换的判决条件是等式约束非线性模型预测控制器是否有解，当含等式约束的非线性模型预测控制器优化问题无解的时候，需要切换成不含等式约束的非线性模型预测控制器。不含等式约束的非线性模型预测控制器向含等式约束的非线性模型预测控制器切换的过程如下：当横向或纵向加速度跟踪误差较小而进入预先设置的邻域内部的时候，切换成含等式约束的非线性模型预测控制器工作模式。

因为控制器在切换的时候会出现状态变化比较大的情况，直接切换会导致剧烈的运动感觉。因此，本书设计了切换与混合模块，将相邻状态之间使用随时间变化的权重系数进行过渡，达到软切换的目的，减轻切换时的冲击效应。

自适应权重调节器的主要作用是根据飞机非正常飞行状态的参考信息和平台的物理性能限制信息自动地调节权重因子值。在常规的非线性模型预测控制方案中，权重因子矩阵是预先设置好的固定值。如果系统的各个状态不相互依赖，或者在仿真过程中系统的属性没有发生变化，这种固定权重因子矩阵的方法将会得到很好的效果。但是，由于洗出算法需要适应不断变化的工作空间，因此需要加入自适应权重调节器，以最大限度地提高模拟机动感模拟的逼真度。

6.5　非线性模型预测动感模拟算法预测控制器的组成

非线性模型预测动感模拟算法的预测控制器主要由阶段代价函数、终端代价函数、终端状态约束集、参考的选取、约束条件、优化控制问题等组成。

6.5.1　非线性模型预测动感模拟算法的阶段代价函数

与线性 MPC 一样，本书选取的非线性模型预测动感模拟算法的代价函数也是基于预测控制模型的状态误差和输出的二次函数。所以，需要把基于状态的系统模型转换为基于误差的系统模型。这里重写第 5 章式（5.43）离散化的非线性系统模型：

$$x_{k+1} = f\left(x_k, u_k\right) \tag{6.26}$$

$$y_{k+1} = x_{k+1} \tag{6.27}$$

式中，$x_k \in \mathbb{R}^n, u_k \in \mathbb{R}^m$ 分别为系统在 k 时刻的状态和输入；$f(\bullet, \bullet)$ 为关于 x_k，u_k 的满足利普希茨有界的非线性连续函数；系统的状态约束和输入约束分别为 $x_k \in X, u_k \in U$，满足 X 和 U 都是紧的；$y_{k+1} \in \mathbb{R}^n$ 为系统在 $k+1$ 时刻的输出。

由于输出等于系统的状态，为简便起见，系统可以表示为

$$x_{k+1} = f\left(x_k, u_k\right) \tag{6.28}$$

由于非线性模型预测动感模拟算法的优化目标是针对误差的，因此需要把基于状态系统模型转换为基于误差的系统模型。系统实际输出 x_k 与期望输出 $X_{\mathrm{ref},k}$ 的跟踪误差为

$$e_k = x_k - X_{\mathrm{ref},k} \tag{6.29}$$

把跟踪误差方程式代入式（6.11），可得到非线性模型预测动感模拟算法的误差预测模型：

$$e_{k+1} + X_{\mathrm{ref},k} = f\left(e_{k+1} + X_{\mathrm{ref},k}, u_k\right) \tag{6.30}$$

定义

$$f_e\left(e_k, u_k\right) = f\left(e_k + X_{\mathrm{ref},k}, u_k\right) - X_{\mathrm{ref},k} \tag{6.31}$$

则误差预测模型可以转化为

$$e_{k+1} = f_e\left(e_k, u_k\right) \tag{6.32}$$

引入误差跟踪变量后，系统的优化目标变为把给定的状态参考轨迹和系统实际的状态的误差控制到零，初始时刻，优化方程式为

$$\min_{u(i,e_0)\in U} J\left(u, e_0\right) = \sum_{i=0}^{N-1} q\left(e\left(i, e_0\right), u\left(i, e_0\right)\right) + F\left(e\left(N, e_0\right)\right)$$

$$\mathrm{s.t.} e\left(i+1, e_0\right) = f_e\left(e\left(i, e_0\right), u\left(i, e_0\right)\right)$$

$$e\left(i+1, e_0\right) + y_d \in Y, u\left(i, e_0\right) \in U, i = 0, \cdots, N-1$$

$$e\left(N, e_0\right) \in E_f \tag{6.33}$$

k 时刻关于误差的优化问题为

$$\min_{u(i,e_k)\in U} J\left(u, e_k\right) = \sum_{i=0}^{N-1} q\left(e\left(i, e_k\right), u\left(i, e_k\right)\right) + F\left(e\left(N, e_k\right)\right)$$

$$\mathrm{s.t.} e\left(i+1, e_k\right) = f_e\left(e\left(i, e_k\right), u\left(i, e_k\right)\right)$$

$$e\left(i+1, e_k\right) \in E, u\left(i, e_k\right) \in U, i = 0, \cdots, N-1$$

$$e\left(N, e_k\right) \in E_f \tag{6.34}$$

系统的阶段代价函数为

$$q\left(e\left(i, e_k\right), u\left(i, e_k\right)\right) = \left\|e\left(i, e_k\right)\right\|_{\boldsymbol{Q}} + \left\|u\left(i, e_k\right)\right\|_{\boldsymbol{R}} \tag{6.35}$$

式中，$\boldsymbol{Q}$ 和 $\boldsymbol{R}$ 分别为系统状态跟踪误差和控制输出的权重矩阵；E_f 为系统的误差约束集。

6.5.2　终端代价函数与终端状态集约束的求取

目前，非线性模型预测控制性能主要体现在两个方面：预测步长、吸引域和终端代价函数。预测步长越大，吸引域也越大，较大的吸引域能够拓展预测控制的可控状态的范围，但是计算复杂度也会迅速提高，进而降低了系统的实时性能。在预测步长一定的前提下，对于同时添加终端状态集约束和终端代价函数的预测控制来说，增加终端代价函数可以增大吸引域。但是，这会相应地降低次优解对全局最优解的逼近度，从而降低系统的性能。因此，如何求取合适的终端代价函数和终端状态集约束就显得格外重要。

1.终端代价函数的求取

终端代价函数求取的好坏直接影响系统性能的优劣，合适的终端代价函数不仅可以扩大终端状态集约束的范围，也可以使系统的次优解逼近最优控制的全局最优解，保证闭环系统的性能。文献 [105] 指出增加终端代价函数可以增大系统的吸引域。文献 [110] 发现具有比例参量的二次型函数可作为终端代价函数，并证明合适的比例因子和二次型值可以保证系统的稳定性。文献 [113] 提出了一种求取非线性函数的二次型终端代价函数的方法，即在平衡点线性化非线性函数，然后利用最优控制求取二次型函数作为系统的终端代价函数。本书也采用这种方法求取系统的终端代价函数。

令 E_0 为系统的平衡点，意味着存在至少一个 $\bar{u} \in U$，使得 $0 = f_e(0, \bar{u})$ 成立，即 $y_d = f_e(y_d, \bar{u})$ 成立。求解 $\bar{u}$，再定义 $\Delta u_k = u_k - \bar{u}$，把跟踪误差方程转换成

$$e_{k+1} = f_e(e_k, \Delta u_k + \bar{u}) = f_{eu}(e_k, \Delta u_k) \tag{6.36}$$

首先，把式（6.36）在平衡点 E_0 处进行线性化，可得到如下模型：

$$e_{k+1} = Ax_k + B\Delta u_k$$

$$A = (\partial f_{eu} / \partial e)(E_0)$$

$$B = (\partial f_{eu} / \partial u)(E_0) \tag{6.37}$$

然后，利用最优控制理论求取终端代价函数，这里使用 MATLAB 求取，步骤如下：

第一步，使用线性二次型调节器求取状态线性反馈的最优控制律：

$$K = -\text{lqr}(A, B, Q_{\text{lqr}}, R_{\text{lqr}}) \tag{6.38}$$

式中，Q_{lqr} 为最优二次型调节器性能指标函数对于状态量的权重矩阵；R_{lqr} 为控制量的权重矩阵；lqr 为用于构成状态线性反馈控制规律的线性二次型调节器。

第二步，构造李雅普诺夫函数，求取终端代价函数。

$$A_k = A + BK$$

$$Q_k = Q + K^{\text{T}}RK$$

$$P = \text{lyap}\left((A_k + \alpha I)^{\text{T}}, Q_k\right)$$

$$F(x) = x^{\text{T}}(G_k)x \tag{6.39}$$

$\alpha \in [1, +\infty)$ 表示可调参数，满足

$$\alpha |V_{\text{max}}(A_k)| < 1 \tag{6.40}$$

式中，$V_{\text{max}}(A_k)$ 为 A_k 的幅值最大的特征值。

式（6.39）中的 $F(x)$ 表示要求取的初始终端代价函数。如果需要一个较大的终端状态集约束，而不看重系统的次优解与最优控制的全局最优解的逼近度，则可以按比例扩大初始终端代价函数 $\lambda F(x) = x^{\text{T}}(\lambda G_k)x, \lambda > 0$；相反，如果对终端状态约束集要求小，而看重系统的次优解与最优控制的全局最优解的逼近度，需要保证闭环系

统的性能，则可以选择一个较小的代价函数。

2.终端状态集约束的求取

增大终端状态集约束可以增大吸引域，吸引域越大，预测控制的可控状态的范围就越广。文献 [113–115，118] 把预先设计的线性反馈控制律或者饱和控制律相对应的稳定区域作为终端状态约束集，文献 [130] 采用支持向量机求取了终端状态约束集的内外边界的近似。本书也采用支持向量机分类法求取满足以下三个约束条件的终端状态约束集 E_f。

条件 1：E_f 为闭集，且 $0 \in E_f \subseteq E$。

条件 2：终端代价函数 $F(\bullet)$ 的李雅普诺夫特性。对 $\forall e \in E_f$ 都有

$$F(e) \geqslant q(e) + F\left(f_e(e, u_{\mathrm{loc}})\right) \tag{6.41}$$

条件 3：不变集特性。对任意的 $e \in E_f$，采用条件 2 中的控制作用时，有

$$f_e(e, u_{\mathrm{loc}}) \in E_f \tag{6.42}$$

首先，根据条件 1 确定跟踪误差的约束范围 E，对任意的 $e \in E$，都有 $e + y_d \in Y$。

然后，根据条件 2 和条件 3，定义如下：

$$E_f := \left\{ e \in E \mid F(e) \geqslant F_{E_f}^*(e) \right\} \tag{6.43}$$

式中，$F_{E_f}^*(e)$ 为以下优化问题的极小值：

$$\min_{u_{\mathrm{loc}} \in U} F_{E_f}(e) = q(e) + F(f_e(e, u_{\mathrm{loc}}))$$

$$\mathrm{s.t.} f_e(e, u_{\mathrm{loc}}) \in E_f \tag{6.44}$$

最后，设定一个包含原点的初始子集 E_f^0，使用支持向量机由内到外求取满足相关条件的终端状态约束集，具体步骤如下：

第一步，对于高维问题，使用 Smolyak 稀疏网格法，采用文献 [120] 中的低差异序列生成均匀分布的用于支持向量机分类的训练样本数据，这些数据按照稀疏网格矩阵方式分布。

第二步，使用确定性抽样对样本空间的数据点进行采样，对于每一个采样点求取一次最优控制问题的解，对应的第 j 次循环第 i 个采样点的判别方法如下。

如果

$$F(e_i) \geqslant F_{E_f^j}^*(e_i) \tag{6.45}$$

则

$$y_i = 1 \tag{6.46}$$

否则

$$y_i = -1 \tag{6.47}$$

式中，$F_{E_f^j}^*(e_i)$ 为以下问题的极值：

$$\min_{u \in U} F_{E_j^i}(e) = q(e) + F(f_e(e, u_{\text{loc}}))$$

$$\text{s.t.} f_e(e, u_{\text{loc}}) \in E_f^{j-1} \tag{6.48}$$

然后利用支持向量机的分类器计算终端状态约束集的边界，求取最优分类面，则

$$O^j(e) = \sum_{i=1}^{P_j} w_i \cdot \text{ker}(\boldsymbol{e}_i, e) + b \tag{6.49}$$

式中：$\boldsymbol{e}_i$ 为支持向量；P_j 为支持向量的个数；b 为偏移量；w_i 为第 i 个支持向量对应的权重因子；其径向基核函数为

$$\text{ker}(\boldsymbol{e}_i, e) = \exp\left(\frac{\|e_k - e\|^2}{2\sigma^2}\right) \tag{6.50}$$

E_f^j 可表示为

$$E_f^j \triangleq \left\{ e \in E_f^{j-1} \mid O^j(e) \geq 0 \right\} \tag{6.51}$$

第三步，当迭代到 $O^{N_{\text{stop}}}(e)$ 与 $O^{N_{\text{stop}}-1}(e)$ 近似的时候，终止循环，求得最终的 $O^{N_{\text{stop}}}(e)$，判断条件如下：

$$\sum_{i=1}^{N_{\text{stop}}} \left\| O^{N_{\text{stop}}}(e_i) - O^{N_{\text{stop}}-1}(e_i) \right\| \leq \varepsilon P_{N_{\text{stop}}} \tag{6.52}$$

式中，ε 为循环终止阈值；$P_{N_{\text{stop}}}$ 为支持向量的个数。

最终，求得终端状态约束集的最终估计：

$$E_f \triangleq \left\{ e \in E \mid O^{N_{\text{stop}}}(e) \geq 0 \right\} \tag{6.53}$$

此时，基于轨迹跟踪误差的优化问题为

$$\min_{u(i,e_k) \in U} J(u,e_k) = \sum_{i=0}^{N-1} q\big(e(i,e_k),u(i,e_k)\big) + F\big(e(N,e_k)\big)$$

$$\text{s.t.} \, e(i+1,e_k) = f_e\big(e(i,e_k),u(i,e_k)\big)$$

$$e(i+1,e_k) \in E, u(i,e_k) \in U, i=0,\cdots,N-1$$

$$O^{N_{\text{stop}}}\big(e(N,e_k)\big) \geq 0 \tag{6.54}$$

6.5.3　参考的选取

系统状态的参考向量为

$$\boldsymbol{x}_{\text{p,ref}} = \left[\boldsymbol{r}_{\text{p,ref}} \ \boldsymbol{v}_{\text{p,ref}} \ \boldsymbol{\beta}_{\text{p,rot,ref}} \ \boldsymbol{\omega}_{\text{p,rot,ref}} \ \boldsymbol{\beta}_{\text{p,tilt,ref}} \ \boldsymbol{\omega}_{\text{p,tilt,ref}} \ \boldsymbol{x}_{\text{p,ref}} \ \boldsymbol{l}_{\text{i,ref}} \right]^{\text{T}} \tag{6.55}$$

为了使平台返回中立位置，在整个预测范围内把 $\boldsymbol{r}_{\text{p,ref}}$、$\boldsymbol{v}_{\text{p,ref}}$、$\boldsymbol{\beta}_{\text{p,rot,ref}}$、$\boldsymbol{\omega}_{\text{p,rot,ref}}$、$\boldsymbol{\beta}_{\text{p,tilt,ref}}$、$\boldsymbol{\omega}_{\text{p,tilt,ref}}$、$\boldsymbol{l}_{\text{i,ref}}$ 参数设置成零（原点）。模拟机前庭系统的状态 $\boldsymbol{x}_\text{p}$ 包含 $\hat{\boldsymbol{a}}_\text{P}^\text{D}$、$\hat{\boldsymbol{a}}_{\text{P,tilt}}^\text{D}$、$\hat{\boldsymbol{\omega}}_{\text{P,rot}}^\text{D}$，与 $\boldsymbol{x}_\text{p,ref}$ 对应的参考矢量记为 $\boldsymbol{a}_\text{p,ref}$、$\boldsymbol{a}_\text{p,tilt,ref}$ 和 $\boldsymbol{\omega}_\text{p,ref}$。将从飞机模型获得的线加速度和角速度转换到

飞机驾驶员眼点坐标系，然后将它们通过飞机驾驶员的前庭系统，可得到飞机驾驶员前庭系统的输出线速度 $\hat{a}_a^F$ 和 $\hat{\boldsymbol{\omega}}_a^F$，记为 $\boldsymbol{a}_a$ 和 $\boldsymbol{\omega}_a$。

在仿真控制中，应该保证飞机驾驶员前庭系统感受到的运动信息与模拟机驾驶员前庭系统感受到的运动信息一致，即 $\boldsymbol{a}_{\mathrm{p,ref}} + \boldsymbol{a}_{\mathrm{p,tilt,ref}} = \boldsymbol{a}_a$ 和 $\boldsymbol{\omega}_{\mathrm{p,ref}} = \boldsymbol{\omega}_a$。下面会在优化控制里加入等式约束，对控制输出进行约束，确保飞机驾驶员和模拟机驾驶员前庭系统感受信息的一致性。

6.5.4 非线性模型预测动感模拟算法控制器的约束条件

具有 6 自由度的 Stewart 飞行模拟机平台具有高度耦合性，当运动平台的支腿到达其伸缩极限的时候，运动的一致连续性就会受到影响，可能会出现安全问题，也因此很难充分利用平台的有效工作空间。非线性模型预测控制具有良好的直接处理约束条件的能力，在算法的优化过程中可以全面考虑输入、输出、状态、输入增量等约束，可以最大限度地利用平台的有效运行空间。非线性模型预测动感模拟算法的约束条件主要包括平台物理极限约束、倾斜协调约束和参考输入产生的等式约束。

平台物理极限约束又分为两类：一类是决定平台有效利用空间的直腿长度的约束；另一类是平台执行器等机构的性能极限限制约束。它们的性能参数约束范围如表 6.1 所示。

表 6.1 性能参数的约束范围

自由度	位　置	速　度	加速度
方向 x	± 1.7 m	± 1.2 m/s	±10 m/s²
方向 y	± 1.7 m	± 1.2 m/s	±10 m/s²
方向 z	± 0.8 m	± 1.0 m/s	±6 m/s²
滚动 φ	± 25°	± 50 °/s	±500 °/s²

（续　表）

自由度	位　置	速　度	加速度
俯仰 θ	$\pm 25°$	± 50 °/s	± 500 °/s^2
偏转 ψ	$\pm 25°$	± 50 °/s	± 500 °/s^2
支腿 l_i	$2.5 \sim 4.5$ m	—	—

鉴于倾斜协调会产生额外的角速度信号，而这部分信号是额外产生的，因此应该对模拟机倾斜协调的角速度进行限制，使其不超过人体所能感受到的门限值，以确保倾斜协调的倾斜角速度不会被人体察觉。倾斜角速度门限值是根据文献 [117] 提出的，其值如表 6.2 所示。

表 6.2　倾斜协调角速度门限值

自由度	门限值
滚动 ω_φ	3.0 °/s
俯仰 ω_θ	3.6 °/s
偏转 ω_ψ	2.6 m/s

根据平台物理极限约束和倾斜协调约束，定义系统的状态 x_k 的约束范围为 $[X_{\min}, X_{\max}]$。因此，系统的不等式约束可表示为

$$X_{\min} \leqslant x_k \leqslant X_{\max} \qquad (6.56)$$

进而可以推出以下系统的误差不等式约束的表达式：

$$X_{\min} - X_{\mathrm{ref}} \leqslant e_k \leqslant X_{\max} - X_{\mathrm{ref}} \qquad (6.57)$$

系统的等式约束是由前庭系统的线加速度产生的。根据第 5.3.4 节融合的飞机驾驶员前庭系统模型可以得到飞机驾驶员前庭系统感知到的线加速度 a_a。根据第 5.3.5 节融合的模拟机驾驶员前庭系统模型可以得到模拟机驾驶员前庭系统感受到的线加速度，分别是瞬时线加速度

a_p 和倾斜协调产生的线加速度 $a_{p,tilt}$，对应的参考瞬时线加速度为 $a_{p,ref}$，倾斜协调参考线加速度为 $a_{p,tilt,ref}$。控制系统的目标是让模拟机驾驶员前庭系统感受到的瞬时线加速度与倾斜协调线加速度的和与飞机驾驶员前庭系统感受到的线加速度相等，由此可得出非线性模型预测动感模拟算法的等式约束为

$$a_{p,ref} + a_{p,tilt,ref} = a_a \qquad (6.58)$$

对应的误差的等式约束为

$$e_{a_{p,ref}} + e_{a_{p,tilt,ref}} = e_{a_a} \qquad (6.59)$$

6.5.5 非线性模型预测控制优化问题

非线性模型预测动感模拟算法无等式约束的优化问题为

$$\min_{u(i,ek)\in U} J(k) = \sum_{i=1}^{N} q\big(e(k+i\,|\,k), u(k+i\,|\,k)\big) + F\big(e(k)\big)$$

$$\text{s.t.} e(k+i\,|\,k) = f_e\big(e(k+i-1\,|\,k), u(k+i-1\,|\,k)\big)$$

$$e(k+i\,|\,k)\in E, u(k+i\,|\,k)\in U, i=1,\cdots,N$$

$$O^{N_{stop}}\big(e(k+N\,|\,k)\big)\geqslant 0 \qquad (6.60)$$

由式（6.60）可知，优化控制的目标是把系统当前的误差状态 $e(k)$ 引导至平衡点（原点）。因此，该优化问题实质上是一个具有不等式约束、终端状态约束集和终端代价函数的目标点逼近问题。

所有满足优化问题式（6.60）有解的误差状态点的集合被称为此预测控制的可行域 Ω。为确保所有误差状态集 E 内部的状态点都有可行解，需要满足以下条件：

$$E\in\Omega \qquad (6.61)$$

6.5.2 节指出在预测步长一定的情况下按比例增大终端代价函数可以增加终端状态约束集，对应的预测控制的可行域也会增大。因此，

可以适当地选取一个较大的终端代价函数。在终端状态约束函数选定的情况下，终端状态约束集保持不变，此时可以通过增加预测步长的方法来增大预测控制的可行域。因此，我们的主要目标是求取满足式（6.61）条件的最小预测步长 $N_{\min}$，下面介绍主要求取步骤。

第一步，使用 Smolyak 稀疏网格法，在误差状态集 E 上生成按照稀疏网格矩阵排布的低差异样本数据 $e(k)$。

第二步，首先选取一个初始的预测步长 $N=i$，i 为正整数，初始时刻选取 $i=1$。然后，使用确定性抽样对样本空间的数据点 $e(k)$ 进行采样，对于每一个采样点求取一次最优控制问题的解。

如果优化问题式（6.60）存在可行解，

则

$$\text{label}_k = 1 \qquad (6.62)$$

否则

$$\text{label}_k = 0 \qquad (6.63)$$

第三步，当每一个样本数据的标签满足 $\text{label}_k = 1$ 的时候，式（6.61）成立，此时的预测步长 i 为最小预测步长 $N_{\min} = i$。否则预测步长 $i+1$，重新进入第二步循环，直至找到满足条件的 $N_{\min}$。

所有满足

$$N > N_{\min} \qquad (6.64)$$

的预测步长，可以确保所有误差状态集 E 内部的状态点对于优化式（6.60）都有可行解。

由于模拟机驾驶员前庭系统感受到的加速度由瞬时加速度和倾斜协调加速度共同组成，因此非线性模型预测动感模拟算法还需要满足等式约束条件。优化问题末端添加等式约束的非线性模型预测动感模拟算法最终的优化问题如下所示：

$$\min_{u(i,ek)\in U} J(k) = \sum_{i=1}^{N} q\big(e(k+i\,|\,k), u(k+i\,|\,k)\big) + F\big(e(k)\big)$$

$$\mathrm{s.t.}\, e(k+i\,|\,k) = f_e\big(e(k+i-1\,|\,k), u(k+i-1\,|\,k)\big)$$

$$e(k+i\,|\,k) \in E, u(k+i\,|\,k) \in U, i = 1,\cdots,N$$

$$e_{a_p}(k+N\,|\,k) + e_{a_p,\mathrm{tilt}}(k+N\,|\,k) = e_{a_a,\mathrm{ref}}(k)$$

$$O^{N_{\mathrm{stop}}}\big(e(k+N\,|\,k)\big) \geqslant 0 \qquad\qquad （6.65）$$

式中，$a_{\mathrm{p,ref}}(k+N\,|\,k)$、$a_{\mathrm{p,tilt,ref}}(k+N\,|\,k)$ 和 $a_a(k)$ 分别为系统在 k 时刻第 N 步预测得到的模拟机驾驶员前庭系统感受加速度、倾斜协调加速度和 k 时刻飞机驾驶员前庭系统感受到的加速度。

为了增加优化控制解的范围，只对阶段代价函数的最后阶段施加等式约束 $e_{a_p}(k+N\,|\,k) + e_{a_p,\mathrm{tilt}}(k+N\,|\,k) = e_{a_a,\mathrm{ref}}(k)$。优化控制的目标是将具有不等式约束、等式约束、终端状态约束集约束和终端代价函数的系统的当前误差状态 $e(k)$ 引导至原点。

由于等式约束的存在，当满足等式约束的误差状态位于其约束集外部的时候，优化问题式（6.65）无解。此时，问题的最优解往往在等式约束的附近取得。因此，需要将等式约束转化成新的优化目标，使用多目标优化算法去处理等式约束问题，求取优化问题式（6.65）的相对最优解，这样会极大地增加问题的复杂度。所以，在优化问题式（6.65）无解的时候，直接求解以下不含等式约束的优化问题即可：

$$\min_{u(i,ek)\in U} J(k) = \sum_{i=1}^{N} q\big(e(k+i\,|\,k), u(k+i\,|\,k)\big) + F\big(e(k)\big)$$

$$\mathrm{s.t.}\, e(k+i\,|\,k) = f_e\big(e(k+i-1\,|\,k), u(k+i-1\,|\,k)\big)$$

$$e(k+i\,|\,k) \in E, u(k+i\,|\,k) \in U, i = 1,\cdots,N$$

$$O^{N_{\mathrm{stop}}}\big(e(k+N\,|\,k)\big) \geqslant 0 \qquad\qquad （6.66）$$

6.6　非线性预测控制器自适应权重因子选择方法

自适应权重调节器是非线性模型预测动感模拟算法的预测控制器的主要组成部分。参数选择主要包含权重因子矩阵的选择。优化问题中的权重因子矩阵如下所示：

$$\boldsymbol{Q} = \mathrm{diag}\left\{\left[\boldsymbol{W}_{r_p}\boldsymbol{W}_{v_p}\boldsymbol{W}_{\beta_{p,\mathrm{rot}}}\boldsymbol{W}_{\beta_{p,\mathrm{tilt}}}\boldsymbol{W}_{x_p}\boldsymbol{W}_{li}\right]\right\}$$

$$\boldsymbol{R} = \mathrm{diag}\left\{\left[\boldsymbol{W}_{a_p}\boldsymbol{W}_{\omega_{p,\mathrm{rot}}}\boldsymbol{W}_{\omega_{p,\mathrm{tilt}}}\right]\right\}$$

$$\boldsymbol{P} = \mathrm{diag}\left\{\left[\boldsymbol{W}_{r_p}\boldsymbol{W}_{v_p}\boldsymbol{W}_{\beta_{p,\mathrm{rot}}}\boldsymbol{W}_{\beta_{p,\mathrm{tilt}}}\boldsymbol{W}_{x_p}\boldsymbol{W}_{li}\right]\right\} \qquad （6.67）$$

由于模拟机可行运动空间是呈非线性变化的，对具有较短预测范围的约束问题的非线性模型预测控制问题，常规的固定权重因子矩阵的方法会在系统状态运行到可行工作空间的极限时，使优化输出轨迹出现不平滑的情况。这是因为权重因子矩阵是固定不变的，且与可行工作空间无关。基于可行工作空间自适应变化的权重因子可使平台在物理平台极限较远的地方提供较小的值，从而减小权重因子的阻尼作用，使平台快速跨越可行运动空间，而在物理平台可行工作空间附近的地方提供较大的值以增大阻尼作用，使平台在物理极限附近平稳运行。

自适应控制器主要选取平台的可行工作空间信息进行自适应律的设计。针对横向、纵向和垂向加速度控制，设计式（6.68）和式（6.69）所示的平台的位移权重和速度权重自适应律；对于俯仰、滚转和偏航角速度控制，设计式（6.70）和式（6.71）所示的自适应律可以根据平台的实时运行状态动态调节权重因子矩阵。

$$W_{r_{\mathrm{p}}} = \left(\frac{1}{r_{\max} - |r_{\mathrm{p}}|} - a_1 \right) / b_1 \qquad (6.68)$$

$$W_{v_{\mathrm{p}}} = \left(\frac{1}{v_{\max} - |v_{\mathrm{p}}|} - c_1 \right) / d_1 \qquad (6.69)$$

$$W_{\beta_{\mathrm{p}}} = \left(\frac{1}{\beta_{\max} - |\beta_{\mathrm{p,rot}}|} - a_2 \right) / b_2 \qquad (6.70)$$

$$W_{\omega_{\mathrm{p}}} = \left(\frac{1}{\omega_{\max} - |\omega_{\mathrm{p,rot}}|} - c_2 \right) / d_2 \qquad (6.71)$$

式中，$r_{\max}$ 和 $v_{\max}$ 分别为平台平动位移空间偏离平衡位置的距离和速度的最大值，为了提高抗干扰能力，避免 $r_{\max} - |r_{\mathrm{p}}|$ 和 $v_{\max} - |v_{\mathrm{p}}|$ 出现小于 0 的情况，通常会将 $r_{\max}$ 和 $v_{\max}$ 设置成理论值的 1.2 倍左右；$\beta_{\max}$ 和 $\omega_{\max}$ 分别为平台姿态偏转距离平衡位置的角度和角速度的最大值，同样会选取理论值的 1.2 倍作为实际值；参数 a_1 和 c_1 与 a_2 和 c_2 为固定的值，其大小的选取决定自适应权重因子矩阵的最小值，如图 6.6 所示角度控制中平衡点 0 处对应的权重因子值；参数 b_1 和 d_1 与 b_2 和 d_2 也是固定的值，其大小的选取决定自适应权重因子矩阵的最大值，图 6.6 是角度控制中边界点为 +0.52 rad 和 −0.52 rad 时对应的权重因子值。

其他权重因子矩阵值取固定值，前庭系统中加速度和角速度的权重设置的固定权重因子矩阵值会相对大一些，以达到精确跟踪的目的。其余固定的权重因子矩阵值通常可以设置成一个相对小的值。

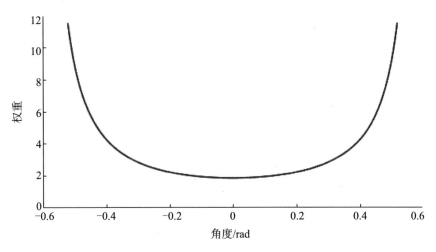

图 6.6　模拟机平台角度值与其权重因子的对应关系图

6.7　非线性模型预测动感模拟算法的稳定性分析

前面已经提到，线性模型的经典预测控制主要采用内模控制理论对现有的预测控制算法进行定量分析，以此分析系统的稳定性。但对于非线性模型的现代预测控制来说，系统的稳定性主要是通过设计合理的预测控制方法来实现。本节对采用终端状态集约束和终端代价函数的非线性模型预测动感模拟算法的稳定性进行证明分析。

同时添加终端状态约束集和终端代价函数的预测控制误差优化问题可描述为

$$\min_{u(i,e_0)\in U} J(u,e_0) = \sum_{i=0}^{N-1} q\big(e(i,e_0),u(i,e_0)\big) + F\big(e(N,e_0)\big)$$

$$\text{s.t.} x(i+1,e_0) = f_e\big(e(i,e_0),u(i,e_0)\big)$$

$$e(i+1,e_0) + y_d \in Y, u(i,e_0) \in U, i=0,\cdots,N-1$$

$$e(N, e_0) \in E_f \qquad (6.72)$$

式中，$e(0, e_0) = e_0$，e_0 为优化起始点；N 为预测步长；E_f 为满足 6.5.2 节条件 1 ~ 条件 3 的终端误差状态约束集。

所有满足优化式（6.59）的有解的误差点的集合称为预测控制的可行性吸引域。在可行性吸引域的点都可以通过预测控制被引导至原点（$e_0 = 0$）。定义 $J(u(e_0), e_0)$ 的极小值为 $J^*(e_0)$，误差状态最优预测序列为

$$e^*(e_0) = \left\{ e^*(1, e_0), \cdots, e^*(N, e_0) \right\} \qquad (6.73)$$

对应的优化问题的最优控制序列为

$$u^*(e_0) = \left\{ u^*(0, e_0), \cdots, u^*(N-1, e_0) \right\} \qquad (6.74)$$

在实际控制中，只需要将最优控制序列的第一个控制量作用于实际系统，进行滚动优化。系统过渡到下一时刻的优化问题的最优状态序列为

$$e^*(e_1) = \left\{ e^*(2, e_0), \cdots, e^*(N, e_0), e_{\mathrm{loc}} \right\} \qquad (6.75)$$

构造如下控制序列：

$$u(e_1) = \left\{ u^*(1, e_0), \cdots, u^*(N-1, e_0), u_{\mathrm{loc}} \right\} \qquad (6.76)$$

其中，由 E_f 所满足的三个条件可得知，u_{loc} 的控制律需满足

$$F\left(e^*(N, e_0) \right) \geqslant q\left(e^*(N, e_0), u_{\mathrm{loc}} \right) + F\left(f_e\left(e^*(N, e_0), u_{\mathrm{loc}} \right) \right) \quad (6.77)$$

且

$$f_e\left(e^*(N, e_0), u_{\mathrm{loc}} \right) \in E_f \qquad (6.78)$$

显然，$u(e_1)$ 是系统在状态 e_1 时的可行控制律，其对应的性能指标函数 $j(u(e_1), e_1)$ 满足

$$J\left(u(e_1), e_1 \right) - J^*(e_0) = q\left(e^*(N, e_0), u_{\mathrm{loc}} \right) + F\left(f_e\left(e^*(N, e_0), u_{\mathrm{loc}} \right) \right)$$

$$-q\left(e_0,u^*\left(0,e_0\right)\right)-F\left(e^*\left(N,e_0\right)\right)\leqslant -q\left(e_0,u^*\left(0,e_0\right)\right) \qquad （6.79）$$

因此有

$$J^*\left(e_1\right)-J^*\left(e_0\right)\leqslant J\left(u\left(e_1\right),e_1\right)-J^*\left(e_0\right)\leqslant -q\left(e_0,u^*\left(0,e_0\right)\right)<0 （6.80）$$

同理，对于滚动优化控制来说，满足

$$J^*\left(e_k\right)-J^*\left(e_{k-1}\right)<0 \qquad\qquad （6.81）$$

式中，$J^*(\cdot)$ 既是最优代价函数，也是添加终端零状态约束的李雅普诺夫函数，可以保证非线性模型预测控制系统的稳定性。

6.8　非线性模型预测控制器参数辨识方法

由于非线性模型预测动感模拟算法控制器的性能依赖于控制器自身参数的选择，下面以实际案例介绍非线性模型预测动感模拟算法控制器的采样周期、预测步长、控制步长、约束值和自适应权重等参数的选择方法，并对非线性模型预测动感模拟算法预测控制器的性能进行实验研究，以验证其有效性。

以复杂状态下横向加速度通道为例对非线性模型预测动感模拟算法预测控制器采样周期、预测步长和控制步长的数值选取进行实验分析。对于非线性模型预测控制来说，采样周期的选择很重要，过大的采样周期会导致系统反应过慢，无法及时对控制器做出修正；相反，过小的采样周期会导致系统在线计算量的增大。为了寻找合适的采样周期值，建议在非线性模型预测动感模拟算法预测控制系统开环响应时间（10% ~ 90% 的上升时间）的 1/20 ~ 1/10 取值。根据以上原则，选取采样周期为 0.1 s。

对于预测步长来说，目前还没有特别精确的选择非线性模型预测控制这一类预测控制器步长的方法。因此，本书在确保非线性模型预测动感模拟算法控制系统稳定、计算时间满足需要、控制精度满足系统需求等条件下，采用试错法为复杂状态下横向加速度通道选择合适的预测步长。使用复杂状态下横向变化率较大的加速减速动作，分别选取预测步长范围从 10（1 s）步到 40（4 s）步，测试了控制器对不同预测步长横向加速和减速动作的响应情况。鉴于横向加速度通道只有 2 个自由度，因此能够比较容易地区别不同预测步长对系统性能的影响。图 6.7 给出了复杂状态下横向加速度通道不同预测步长的加速度跟踪曲线。

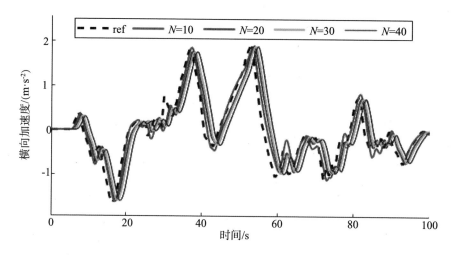

图 6.7　复杂状态下横向加速度通道不同预测步长的加速度跟踪曲线

表 6.3 给出了复杂状态下横向加速度通道不同预测步长时平均优化计算时间。与预期一样，复杂状态下横向加速度通道中平均优化计算时间随着预测步长的延长而增加。此外，由图 6.7 可以发现，预测步长为 10 时，系统在加速度转折点的跟踪性能比较低，随着预测步长的增加，性能会有所提高。但是，在预测步长为 40 时，可以明显感受到系

统的延迟增加，系统对高频信号的反应变慢。综合以上情况，在保证较好系统跟踪性能的同时，系统的优化计算时间需要相对小，因此可以选取复杂状态下横向加速度通道预测步长的范围是 10 ～ 20 的整数。

表 6.3　复杂状态下横向加速度通道不同预测步长时平均优化计算时间

预测步长（N）	预测时间 /s	平均优化计算时间 /s
10	1	0.105 4
20	2	0.234 2
30	3	0.551 5
40	4	1.143 2

　　对于控制步长的选择来说，过小的控制步长可能无法进行较好的控制，而过大的控制步长则会导致只有前一部分的控制范围有较好的效果，后一部分的控制范围则收效甚微，而且将带来大量的计算开销。考虑到模型预测控制只把第一组控制量作用于实际系统，且过大控制步长对系统的计算量要求很高，因此选择的控制步长为 1 ～ 3 的整数。

　　在参数的辨识估计方面，以飞机机头上扬失速的飞机复杂飞行状态预防及改出训练为例，对非线性模型预测动感模拟算法预测控制器的仿真参数、自适应权重值的选取及约束的边界等参数的选取给出了具体的建议方法。仿真实验采用的模拟机运动平台为 3 ～ 6 Stewart-Gough 平台，动平台的半径是 1 m，呈等边三角形分布，基座的半径是 2 m，呈六边形分布。支腿长度缩短时为 2.5 m，伸长时为 4.5 m，平台纵向的最大位移为 1.7 m。将非线性模型预测动感模拟算法预测控制器的采样周期设置为 0.1 s，预测步长设置为 15，控制步长设置为 2。

　　网格法、蒙特卡罗法及优化法是常用的参数辨识方法。对于含等式约束的非线性模型预测动感模拟算法控制器，采用固定权重因子的参数设置方式。以纵向通道为例，需要辨识的参数是平台纵向位移 W_{rp}、平台纵向速度 W_{vp}、平台倾斜角度 $W_{\beta p,tilt}$、平台倾斜角速度 $W_{\omega p,tilt}$ 和平台纵向加速度 W_{ap}。其余不需要辨识的权重因子参数均设置为 0.1。由于需要辨识的参数比较多，为加快收敛速度，使用网格法进行参数值的辨识估计。主要步骤如下：

第一步，确定要估计的参数向量 $x=[$ W_{rp}， W_{vp}， $W_{\beta p,tilt}$， $W_{\omega p,tilt}$， W_{ap}]，估计需要辨识的参数向量 x 的上下界从而获得参数状态空间 X。

第二步，对高维参数状态空间 X 进行样本采样。从多级稀疏网格上构造的低差异序列中提取样本点（网格节点）。

第三步，对每个样本点 x_k 使用后面 7.2.2 节的"基于多指标融合加权的洗出算法动感模拟逼真度评估方法"求取复杂飞行状态预防及改出训练纵向加速度的动感模拟逼真度指标 X_k。

第四步，遍历获得的 X_k 序列，获得最小的逼真度指标 X_k 对应的 x_k，既 7.2.2 节中洗出算法逼真度评估指标下的相对最优参数估计值。

对于不含等式约束的非线性模型预测动感模拟算法控制器采用自适应权重因子调节方式。除了把参数向量 x 中的参数 W_{rp} 和 W_{vp} 替换成 a_1、b_1 和 c_1、d_1 以外，其参数值的辨识估计与含等式约束的非线性模型预测动感模拟算法控制器的参数辨识估计一致。

模拟机状态约束的值如表 6.1 和表 6.2 所示。实验结果如图 6.8 和图 6.9 所示。图 6.8 给出了飞机机头上扬失速的飞机复杂飞行状态预防及改出训练时，模拟机驾驶员前庭系统感知到的纵向加速度信号对飞机驾驶员前庭系统感受的纵向加速度参考信号的跟踪情况。图 6.9 给出了飞机机头上扬失速的飞机复杂飞行状态预防及改出训练时飞行模拟机纵向位移情况和飞行模拟机纵向加速度情况的变化情况。

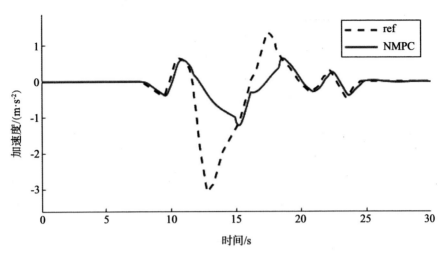

图 6.8　飞机机头上扬失速改出训练加速度跟踪曲线

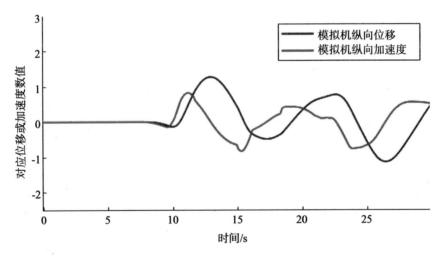

图 6.9　飞机机头上扬失速改出训练下模拟机纵向位移与加速度曲线

6.9　本章小结

非线性模型预测动感模拟算法针对飞行模拟机动感模拟逼真度与

模拟机自身约束之间的矛盾，给出了优化问题的可行解，实现了优化控制。针对飞行模拟机含有倾斜协调的横向和纵向加速度通道，设计了含有等式约束和不含等式约束的控制器与可切换控制系统，有效地解决了其他洗出算法在复杂飞行状态预防及改出训练的改出阶段产生的振荡和逼真度明显降低的问题。针对常规的固定权重的方法会使系统在可行空间的边界出现跟踪轨迹不平滑的情况，设计了自适应权重调节器，在提高平台运行鲁棒性的同时，有效地提高了平台可行空间的使用效率。最后，以飞机机头上扬失速的飞机复杂飞行状态预防及改出训练为例，给出了可切换控制器的预测控制系统的参数调节方法，验证了可切换控制器方案在平台远离可行空间边界时可以实现精确跟踪，在平台逼近可行空间边界时可以实现大致跟踪，使洗出算法的动感模拟逼真度和平台可行空间的使用效率最大化，具有较高的理论研究价值和较好的工业应用前景。

第 7 章　模拟机动感模拟逼真度评估方法及仿真实验分析

7.1　概述

飞行模拟机平台的位移、姿态和响应速度有限，无法完全复现飞机无限空间的运动，但通过飞行模拟机良好的动感模拟系统可以模拟飞机空中飞行的运动感觉。良好的动感模拟逼真度可以提高复杂飞行状态预防及改出训练的效果。而飞行模拟机动感模拟逼真度主要取决于洗出算法，评价动感模拟系统逼真度依赖于洗出算法动感模拟逼真度评估方法。

本章首先对模拟机动感模拟逼真度的研究现状进行了介绍，给出了平均绝对差（AAD）、归一化平均绝对差（NAAD）、平均绝对标度（AAS）、归一化皮尔逊相关（NPC）和估计时延（ETD）等逼真度参考评价标准，提出了一种基于多指标融合加权的洗出算法动感模拟逼真度评估方法。为了确定飞机模拟机不同洗出算法之间动感模拟逼真度差异是否与更有效地使用模拟器工作空间有关，提出了四分位距（IQR）和标准差（STD）等评价标准。然后，对仿真实验的参数进行了设置，分别对复杂飞行状态预防及改出训练中的空中失速、飞机起飞、降落等比较典型的飞行状态进行了仿真实验。最后，将提出的非线性模型预测动感模拟算法与经典洗出算法、自适应洗出算法和最优化洗出算法进行了比较，利用所设计的评估方法对仿真结果进行分析，验证了系统的有效性，指出采用非线性模型预测动感模拟算法的动感模拟系统对提高模拟机典型运动的动感模拟逼真度训练具有重要的理论意义和实用价值。

7.2　模拟机动感模拟逼真度评估方法研究

由于飞行模拟机平台的机械限制，需要使用特定的算法将飞机无限空间的运动转换成有限空间的飞行模拟机运动，这种特定的算法被称为洗出算法。飞行模拟机动感模拟逼真度主要取决于洗出算法，下面对设计的洗出算法的动感模拟逼真度评估方法的研究现状、主要性能指标和改进方法进行介绍。

7.2.1　洗出算法动感模拟逼真度评估方法研究现状

1969 年，施密特（Schmidt）和康拉德（Conrad）首次提出运动提示算法（洗出算法），相应地产生了洗出算法动感模拟逼真度的评估方法，并伴随着洗出算法的发展而发展。

文献 [124] 对飞机起飞和着陆机动场景的洗出运动轨迹进行了客观和主观比较测试，发现飞行员对于固定基座的线性滤波器洗出算法和非线性滤波器洗出算法的动感模拟性能没有差异。1977 年，直升机运动提示逼真度的第一个西科斯基定量评价标准制定 [125]，表明飞机加速度和模拟机加速度在不同频率下的增益和相位失真可用于量化运动系统的逼真度。使用飞行员主观意见生成标准边界，根据加速度和角速度的相位畸变和增益定义洗出算法动感模拟的高逼真度、中逼真度和低逼真度标准，如图 7.1 所示。但是，根据这一评估方法，高逼真度需要同时具备低相位失真和高增益。赫夫利（Heffley）等 [126] 使用西科斯基方法设计了横向平移和横滚任务的运动逼真度标准，文献 [127] 使用该标准对地面直升机模拟器的运动提示信息进行了优化。同时，文献 [128] 提出了一种洗出算法逼真度评估方法，该方法简化了参数分配的调试过程，可以通过专业人员的调参来保证运动系统动感模拟的逼真度。此外，设计特定的专家系统来实现参数的自动整定，可以降低系统参数整定过程所需的工作量。文献 [129] 使用经典算法对具有专家系统的逼真度评估方法进行了实验测试，指出专家系统与专业人员调参的表现不相上下。同时，利用该评估方法 [129] 对汽车模拟器进行了评估。评估包括驾驶员驾驶性能的客观比较（虚拟与真实）和主观印象问卷。

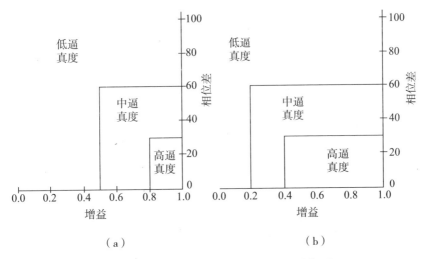

图 7.1　Sinacori 动感模拟逼真度评价标准

（a）加速度；（b）角速度

　　阿德瓦尼（Advani）等于 2006 年开发了一种量化模拟器运动线索逼真度的替代方法，即客观运动线索测试（OMCT）[124]。OMCT 选择的评价参数也借鉴了西科斯基标准，主要目的是客观测量整个运动提示系统的频率响应。OMCT 使用运动算法的频域输入和输出量化运动提示，通过正弦输入对相位畸变和信号增益进行测试。英国皇家航空学会国际工作组（IWG）负责制定新的国际民航组织第 9625 卷第 2 版 [125]，已任命一个动议工作组（MTT）来评估和验证 OMCT。作为这项工作的一部分，许多合作伙伴收集了固定翼模拟器的数据，并根据经验丰富的飞行员意见验证了结果。

Heffley 等 [126] 利用人机控制理论和飞行员意见进行了详细研究，以确定故障检测任务和跟踪任务中的运动感觉要求。针对飞行员感知和飞行员技术相关的数据，调查了现有的模拟和仿真需求，对动感模拟的逼真度评价进行了定量研究。

卡萨斯（Casas）等在文献 [127] 中对现有的客观洗出算法动感模拟评估方法进行了综述，并通过驾乘者的驾乘体验测试，使用经典洗出算法对几种不同的客观评估方法的重要程度进行了客观评估。结果表明，驾乘者对预期运动的相关性更敏感，并且加速度运动比角速度运动更重要。

目前，洗出算法动感模拟逼真度评估方法主要集中在客观评估方法定量研究的评价指标上面，对于主观评估的研究较少，缺乏进展的原因之一是主观评估标准需要人工执行，且具有主观特性，难以实现定量描述，调整过程很慢。主观评估标准和客观评估标准的结合是未来洗出算法动感模拟逼真度评估方法研究的新方向。

7.2.2 基于多指标融合加权的洗出算法动感模拟逼真度评估方法

平均绝对差（AAD）、归一化平均绝对差（NAAD）、平均绝对标度（AAS）、归一化皮尔逊相关（NPC）和估计时延（ETD）是非线性模型预测动感模拟算法逼真度性能指标的主要评价指标。本书的目标是对多种评价指标进行加权求和达到定量分析逼真度的目的，因此这些目标指标设计的范围为 $[0，+\infty)$，即 0 对应最佳值，数字越大，逼真度就越差。这样，不同指标的结果可以很容易地进行加权求和处理。下面对这些指标的求取方法进行介绍。

AAD 计算平均绝对误差，可以反映数据的离散程度。该指标为了消除样本数的影响，将差求和后除样本数。本书对飞机驾驶员前庭系统感受到的飞机运动信息和模拟机驾驶员前庭系统感受到的运动信息求取平均绝对差，并将其作为飞行模拟逼真度评价的参考准则之一。式（7.1）给出了平均绝对差的求取方式，平均绝对差的范围为 $[0，+\infty)$，越小的均方根误差表征越高的模拟仿真逼真度。

$$\mathrm{AAD} = \frac{1}{n}\sum_{k=1}^{n}\left|x_k - x_{k,\mathrm{ref}}\right| \tag{7.1}$$

式中，n 为样本数；x_k 为离散形式的飞机驾驶员前庭系统感受到的飞机运动信息值；$x_{k,\mathrm{ref}}$ 为离散形式的模拟机驾驶员前庭系统感受到的运动信息值。

　　AAD 指标没有考虑比较信号的幅度。两个幅度较大的信号之间的 AAD 值相对较大，而两个幅度较小的信号之间的 AAD 值相对较小，因此找到一种方法来执行某种更公平的比较是很重要的。NAAD 是 AAD 的一种简单标准化，可以通过将计算出的 AAD 值除整个信号的峰值（正或负）执行标准化：

$$\mathrm{NAAD} = \frac{1}{n \cdot |A|}\sum_{k=1}^{n}\left|x_k - x_{k,\mathrm{ref}}\right| \tag{7.2}$$

式中，A 为离散形式的飞机驾驶员前庭系统感受到的飞机运动信息的幅值（正或负）。

　　平均绝对标度（AAS）是用样本数据相对于参考数据的商来度量数据的离散程度的。如果飞行模拟机驾驶员前庭系统信号与飞机驾驶员前庭系统信号相似，则其样本信号之间的商应接近 1.0。可以通过下式将指标转换为 $[0，+\infty)$ 范围内：

$$\mathrm{AAS} = \begin{cases} \dfrac{K_{\mathrm{AAS}}}{q} - K_{\mathrm{AAS}} & \text{如果} q < 1 \\ 0 & \text{如果} q = 1 \\ K_{\mathrm{AAS}} \cdot q - K_{\mathrm{AAS}} & \text{如果} q > 1 \end{cases} \tag{7.3}$$

$$q = \frac{1}{n} \sum_{k=1}^{n} \left| \frac{x_k}{x_{k,\mathrm{ref}}} \right| \tag{7.4}$$

式中，K_{AAS} 为 q 商的线性加权正常数，对于本系统取值为 0.1。但是，由于极限值（$x_{k,\mathrm{ref}} = 0$）附近引起的不确定性会对参数的准确性带来扰动，因此先对标度求和，然后取商，具体表达式为

$$q = \frac{\displaystyle\sum_{k=1}^{n} |x_k|}{\displaystyle\sum_{k=1}^{n} |x_{k,\mathrm{ref}}|} \tag{7.5}$$

归一化皮尔逊相关（NPC）计算信号之间的相关性，表征飞机驾驶员前庭系统感知的运动信息和模拟机驾驶员前庭系统感知的运动信息之间的形状的相关程度，也是评价飞行模拟逼真度的准则之一。式（7.6）给出了飞机驾驶员前庭系统感受的参考信息和模拟机驾驶员前庭系统感受的实际信息之间 NPC 的求取方法。NPC 的范围为 $[0, +\infty)$，当参考信息和实际信息的形状接近的时候，NPC 的值接近于 0，说明有较好的飞行模拟动感模拟逼真度。当参考信息和实际信息的形状相差很大的时候，NPC 指标的值则接近于无穷大，说明飞行模拟洗出算法的动感模拟逼真度较差。

$$\mathrm{NPC} = \frac{K_{\mathrm{NPC}}}{1 + CC} - \frac{K_{\mathrm{NPC}}}{2} \tag{7.6}$$

式中，CC 为皮尔逊相关系数，如式（7.7）所示；K 为 CC 系数的线性加权正常数，对于本系统取值为 0.5。

$$CC(x_{\mathrm{ref}}, x) = \frac{\displaystyle\sum_{k=1}^{n} \left(x_{k,\mathrm{ref}} - \overline{x}_{\mathrm{ref}} \right) \cdot \left(x_k - \overline{x} \right)}{\sqrt{\displaystyle\sum_{k=1}^{n} \left(x_{k,\mathrm{ref}} - \overline{x}_{\mathrm{ref}} \right)^2} \sqrt{\displaystyle\sum_{k=1}^{n} \left(x_k - \overline{x} \right)^2}} \tag{7.7}$$

式中，

$$\overline{x}_{\text{ref}} = \frac{1}{n} \cdot \sum_{k=1}^{n} x_{k,\text{ref}} \tag{7.8}$$

$$\overline{x} = \frac{1}{n} \cdot \sum_{k=1}^{n} x_k \tag{7.9}$$

估计时延（ETD）是飞机驾驶员前庭系统感受到的实际加速度信号和模拟机驾驶员前庭系统感受到的实际加速度信号之间的延迟量。由于两个信号并不完全相等，因此无法精确计算实际延迟。本书首先对两个不同信号进行归一化处理，然后利用广义相关法计算两个信号之间的互相关性来估计时延。广义相关法将经过归一化的飞机驾驶员前庭系统加速度信号 $x_{k,\text{ref}}$ 和模拟机驾驶员前庭系统的加速度信号 x_k 分别输入滤波器 $H_1(f)$ 和 $H_2(f)$，对前庭系统的加速度信号进行白化处理，增强信噪比，抑制噪声功率。然后，求取滤波降噪后的加速度信号 $y_{k,\text{ref}}$ 和 y_k 的互相关函数 $R_{y_{k,\text{ref}} y_k}(m)$，并通过峰值检测环节得到信号的时延估计值。其流程如图 7.2 所示。

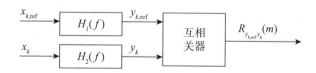

图 7.2　互相关函数求取流程图

根据维纳 – 辛钦定理可得到如下所示的互相关函数：

$$R_{y_{k,\text{ref}} y_k}(m) = \mathcal{F}^{-1}\left\{ G_{y_{k,\text{ref}} y_k}(f) \right\} = \mathcal{F}^{-1}\left\{ H(f) G_{x_{k,\text{ref}} x_k}(f) \right\} \tag{7.10}$$

式中，$G_{x_{k,\text{ref}} x_k}(f)$ 为信号 $x_{k,\text{ref}}$ 和 x_k 的互功率谱；$H(f) = H_1(f) H_2^*(f)$ 为加权函数；$G_{y_{k,\text{ref}} y_k}(f)$ 为滤波后两信号的互功率谱。

互相关函数的峰值代表估计时延的最大值，本书使用使相关函数最大化的参考信号的偏移量作为估计时延值 ETD。ETD 指示的范围为 $[0，+\infty)$，当模拟机驾驶员前庭系统感受到的实际加速度信号与飞机驾驶员前庭系统感受的加速度参考信号无延迟时，ETD 等于零，延迟越大，该值越大。

不同的洗出算法逼真度评价指标对人的影响是不同的，因此人体对信号的延迟指标和相关系数指标的敏感程度是不同的。下面针对单个自由度将对洗出算法动感模拟逼真度影响较大的指标组合起来，以加权求和的方法获得单自由度下的量化信息。对于指标组合选取来说，时间延迟指标 ETD 已经包含于其他指标之中，且 AAD 指标相较于 NAAD 指标受信号幅度的影响。因此，这里选取 NAAD、AAS 和 NPC 三个指标作为组合指标进行加权求和计算。因为 NAAD、AAS 和 NPC 逼真度评估指标是量化的客观指标，加权权重是人体对不同指标感知的敏感程度，是量化的主观指标。因此，这里加权求和的方法是主观评估标准和客观评估标准的结合，其求取方程式如下：

$$X = \sum_{k=1}^{n} I_k \cdot W_k \qquad (7.11)$$

式中，k 为指标个数，对于本书三个指标来说 k 取值范围为 $[1，3]$；I_k 为相应的洗出算法逼真度评价指标；W_k 为人体对相应指标感知敏感程度的量化权重值。

同样，对于全动飞行模拟机来说，不同自由度（横向、纵向、垂向、俯仰、偏航、滚转）信号对人体的影响也是不同的。因此，将六个（a_x、a_y、a_z、w_x、w_y、w_z）指标融合起来进行加权求和，获得全动飞行模拟机的量化信息。同样，这里加权求和的方法是主观评估标准和客观评估标准的结合，其求取方程式如下：

$$\text{IV} = \sum_{k=1}^{n} X_k \cdot \theta_k \qquad (7.12)$$

式中，k 为模拟机自由度个数，对于本书 6 自由度模拟机来说 k 取值范围为 [1，6]；X_k 为式（7.11）求取的人体对相应自由度动感模拟逼真度评价指标值；θ_k 为人体对相应自由度感知敏感程度的量化权重值。

表 7.1 列出了客观指标（评价指标）与权重因子的相关性 [133]。

表 7.1　评价指标与权重因子的相关性

评价指标	范　围	权重值
NAAD	[0，$+\infty$）	0.218
AAS	[0，$+\infty$）	0.342
NPC	[0，$+\infty$）	0.495
加速度运动	[0，$+\infty$）	0.397
角速度运动	[0，$+\infty$）	0.228

可以先根据飞行模拟实验计算求取评价指标的数值，然后基于多指标融合加权的洗出算法逼真度评估方法求取加速度运动或角速度运动的动感模拟逼真度指标 X，定量分析洗出算法动感模拟的加速度运动或角速度运动的逼真度。也可以基于多指标融合加权的洗出算法逼真度评估方法求取模拟机全动模式下加权求和值，定量分析洗出算法动感模拟全动模式下的逼真度。

7.3　模拟机运动平台可行工作空间利用率

飞行模拟机的一个典型特征就是可行工作空间有限，非线性模型预测动感模拟算法在优化问题中包含系统约束的考虑，因此它可以优化可用工作空间的使用情况。使用不同的洗出算法会得到不同的动感模拟逼真度，同时模拟器工作空间的使用效率也会有所差异。为了确定飞机模拟机不同洗出算法之间动感模拟逼真度差异是否与更有效地使用模拟器工作空间有关，下面进行专门的分析。

本书使用四分位数法来统计模拟机支腿长度的使用情况。四分位数法又称为四分差法，与方差和标准差一样，是统计学中的一种常用统计方法。四分位数将数据按照大小依次分为四等分，把第三等分点的数值与第一等分点的数值之差的一半定义为四分位距（IQR）。在模拟机支腿长度的分布情况中，IQR 越高，代表越广泛地使用整个执行器的长度，也代表越有效地使用模拟机可行工作空间。

此外，也可以对模拟机平台工作空间包络进行研究，针对线位移和角位移坐标分别进行分析。对于线性位移的分析，序列 x–y–z 可以将坐标可视化为欧几里得空间中的一组点。计算每个预测策略获得的点集的凸包并计算其体积。获得的体积可以相互比较，也可以与完整的位置工作空间进行比较，这使得 x–y–z 可以通过运动系统的每个可能方向到达空间。对角位移坐标执行类似的分析。每个预测策略获得的滚转—俯仰—偏航坐标用于计算凸包，计算出的体积再次相互比较，并与完整的方向工作空间进行比较，即运动系统的每个可能位置都可以达到的滚动—俯仰—偏航空间。通过推断计算出凸包的体积，借此判断模拟机工作空间的使用情况。

7.4　飞行模拟机仿真实验参数设置

仿真实验控制构架如图 7.3 所示。

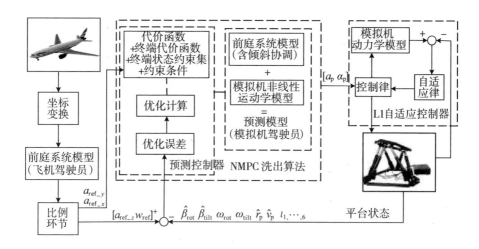

图 7.3　全动飞行模拟机控制方案

　　由于运动平台的工作空间有限，模拟机无法完全复现飞机的空中飞行状态，因此对飞机驾驶员的前庭系统输出参考信号进行了比例缩放。此外，文献 [135] 也指出未经缩放的参考惯性运动信息会使模拟机驾驶员产生过于强烈的仿真感受，最佳的比例缩放因子取决于参考信号的振幅和频率，并且越大的振幅对应越小的比例缩放因子。本章节把来自飞机驾驶员前庭系统的参考信息按照 0.8 的比例缩放因子进行仿真缩放。缩放后的信号被分成两部分传递给非线性模型预测动感模拟算法控制器：一部分是横向加速度信号 a_{ref_x} 和纵向加速度信号 a_{ref_y}，被用作等式约束；另一部分是加速度信号与角速度信号和相应的平台状态信号求差值后用于优化计算。非线性模型预测动感模拟算法控制器根据等式约束信息和误差信息，利用非线性模型预测控制方法计算控制输入，即平台的线加速度和角加速度。计算出的控制输入被传递给基于模拟机动力学模型的 L1 自适应控制器，计算驱动单元对应的驱动力。

7.5 失速情境下飞机复杂飞行状态预防及改出训练仿真结果分析

7.5.1 机翼水平失速场景下飞机横向线加速度参考跟踪性能

飞机机翼水平失速属于失速中一种常见的形式。机翼水平失速时飞机的横向加速度会在短时间内产生剧烈的变化。复杂飞行状态预防及改出训练需要模拟机能够最大限度地模拟这种失速场景，要求动感模拟算法具备快速响应的机动能力的同时，拥有良好的动感模拟性能。为验证系统对横向失速加速度的跟踪能力，本节对所设计的系统进行了仿真，并分别对采用经典洗出算法和最优化洗出算法的仿真系统进行了比较，对系统的逼真度水平进行了定量分析。

飞行模拟机平台的性能参数如表 7.2 所示。具有等式约束的非线性模型预测控制器的仿真参数、权重值以及平台的初始状态值如表 7.3 所示。参考信号 ref 为飞机机翼水平失速场景下飞机驾驶员的前庭系统感知到的横向加速度。

表 7.2 飞行模拟机的性能参数

参 量	描 述	范 围	量 纲
$r_{p,x}$	模拟机横向线位移	[−1.7，+1.7]	m
$r_{p,y}$	模拟机纵向线位移	[−1.7，+1.7]	m
$r_{p,z}$	模拟机垂向线位移	[2.2，3.8]	m
$v_{p,x}$	模拟机横向线速度	[−1.5，+1.5]	m/s

（续　表）

参　量	描　述	范　围	量　纲
$v_{p,y}$	模拟机纵向线速度	[−1.5，+1.5]	m/s
$v_{p,z}$	模拟机垂向线速度	[−1，+1]	m/s
$a_{p,x}$	模拟机横向线加速度	[−10，+10]	m/s²
$a_{p,y}$	模拟机纵向线加速度	[−10，+10]	m/s²
$a_{p,z}$	模拟机垂向线加速度	[−7，+7]	m/s²
$\beta_{p,x}$	模拟机横滚角	[−25，+25]	°
$\beta_{p,y}$	模拟机俯仰角	[−25，+25]	°
$\beta_{p,z}$	模拟机偏转角	[−25，+25]	°
$\omega_{p,x}$	模拟机横滚角速度	[−30，+30]	°/s
$\omega_{p,y}$	模拟机俯仰角速度	[−30，+30]	°/s
$\omega_{p,z}$	模拟机偏转角速度	[−30，+30]	°/s
$\alpha_{p,x}$	模拟机横滚角加速度	[−200，+200]	°/s²
$\alpha_{p,y}$	模拟机俯仰角加速度	[−200，+200]	°/s²
$\alpha_{p,z}$	模拟机偏转角加速度	[−200，+200]	°/s²
$l_{1,\cdots,6}$	模拟机支腿长度	[2.5，4.5]	m

表 7.3　含等式约束的非线性模型预测控制器参数值

参　量	数　值	参　量	数　值
N_p	15	$Q_{l_{1,\cdots,6}}$	1
N_c	2	P_{a_p}	[0.1，30，0.1]

（续　表）

参　量	数　值	参　量	数　值
T	0.1 s	$P_{\omega_p,\text{tilt}}$	[0.1, 10]
Q_{r_p}	[0.1, 100, 0.1]	P_{ω_p}	[0.1, 0.1, 0.1]
Q_{v_p}	[0.1, 0.1, 0.1]	$r_{p,\text{init}}$	[0, 0, 3.0]
Q_{β_p}	[0.1, 0.1, 0.1]	$v_{p,\text{init}}$	[0, 0, 0]
$Q_{\beta_p,\text{tilt}}$	[0.1, 0.1]	$\beta_{p,\text{init}}$	[0, 0, 0]
Q_{x_c}	[0.1, 0.1, 0.1]	$a_{p,\text{init}}$	[0, 0, 0]
Q_{x_o}	[0.1, 0.1]	$\omega_{p,\text{tilt},\text{init}}$	[0, 0]
Q_{x_t}	[0.1, 0.1, 0.1]	$\omega_{p,\text{init}}$	[0, 0, 0]

　　不含等式约束的非线性模型预测控制器的仿真参数、权重值以及平台的初始状态值如表 7.4 所示。同样，参考信号 ref 为飞机机翼水平失速场景下飞机驾驶员的前庭系统感知到的横向加速度。

表 7.4　不含等式约束的非线性模型预测控制器参数值

参　量	数　值	参　量	数　值
N_p	15	$Q_{1,\cdots,6}$	1
N_c	2	P_{a_p}	[0.1, 5, 0.1]
T	0.1 s	$P_{\omega_p,\text{tilt}}$	[0.1, 1]
Q_{r_p}	[0.1, 5, 0.1]	P_{ω_p}	[0.1, 0.1, 0.1]
Q_{v_p}	[0.1, 0.1, 0.1]	$r_{p,\text{init}}$	[0, 0, 3.0]
Q_{β_p}	[0.1, 0.1, 0.1]	$v_{p,\text{init}}$	[0, 0, 0]
$Q_{\beta_p,\text{tilt}}$	[0.1, 10]	$\beta_{p,\text{init}}$	[0, 0, 0]

（续　表）

参　量	数　值	参　量	数　值
Q_{x_c}	[0.1, 0.1, 0.1]	$a_{p,init}$	[0, 0, 0]
Q_{x_o}	[0.1, 5]	$\omega_{p,tilt,init}$	[0, 0]
Q_{x_t}	[0.1, 0.1, 10]	$\omega_{p,init}$	[0, 0, 0]

在英特尔主频为 4.0 GHz 的 8 核处理器的台式机上，使用
MATLAB R2020b 对系统进行了建模仿真实验，飞机的横向加速度仿
真结果如图 7.4 所示。

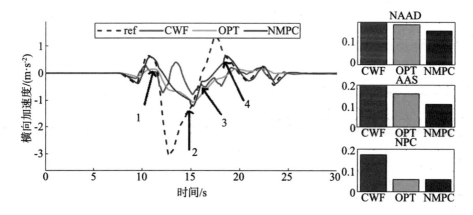

图 7.4　复杂飞行状态预防及改出训练下不同洗出算法横向加速度及动感模拟
逼真度评价指标图

从图 7.4 可以看出，与经典洗出算法（CWF）和最优化洗出算
法（OPT）相比，非线性模型预测动感模拟算法（NMPC）在直观上对
参考轨迹具有较好的跟踪性能。这是因为在仿真过程中，图中标识的
1～2 阶段和 3～4 阶段采用的是不含等式约束的非线性模型预测控制
器，由于平台物理极限的限制，这两段的控制目标为大致跟踪，并且对
倾斜协调施加较大的权重，此时的加速度大部分由倾斜协调提供。跟

踪的其余阶段使用的是具有等式约束的非线性模型预测控制器，等式约束的加入实现了对参考轨迹的精确跟踪，具有较好的动感模拟逼真度。

表 7.5 给出了复杂飞行状态预防及改出训练下不同洗出算法对应的评估指标值。X 指标为多种客观评估指标与模拟机驾驶员对客观指标敏感度的主观指标（即表 7.1 给出的权重值）的权重积求和的综合评估指标，因而具有更强的指示性和鲁棒性。通过 7.2.2 节给出的基于多指标融合加权的洗出算法逼真度评估方法，可以求取横向加速度通道动感模拟逼真度综合评估指标 X。不同洗出算法的 X 值验证了非线性模型预测动感模拟算法的动感模拟逼真度要明显优于经典和最优化洗出算法的结论。所设计的系统具有较高的动感模拟逼真度，能够最大限度地发挥模拟机运动平台的性能，可以满足飞行员复杂飞行状态预防及改出训练的要求。

表 7.5　不同洗出算法对应的逼真度评价指标值

算法名称	NAAD	AAS	NPC	X
CWF	0.155 3	0.221 6	0.173 5	0.195 5
OPT	0.146 2	0.175 1	0.059 7	0.121 3
NMPC	0.122 3	0.121 4	0.049 5	0.096 6

此外，对于延迟时间来讲，经典洗出算法采用的是一系列滤波器搭建的洗出算法，因此其延迟时间较小。相反，非线性模型预测动感模拟算法优化计算的时间较大，因此其延迟时间也较大，但是动感模拟对洗出算法计算实时性要求不严格，即动感模拟允许一定的时间延迟。在模拟机逼真度的整体仿真中，可以通过视觉系统与动感模拟系统的时间匹配来减小动感模拟时间延迟的影响，提高模拟机系统的逼真度。

7.5.2　机翼水平失速场景下飞机滚转角加速度参考跟踪性能

飞机机翼水平失速场景下飞机的滚转角会在短时间内产生大幅度的变化，提高模拟机驾驶员前庭系统对滚转角速度的仿真逼真度，可以锻炼飞行员判断此类时速场景的发生和失控预防及改出能力。本书采用自适应权重的非线性模型预测控制器实现对角速度的跟踪，控制器的仿真参数、权重值，以及平台的初始状态值如表 7.6 所示。参考信号 ref 为飞机机翼水平失速场景下飞机驾驶员的前庭系统感知到的滚转角加速度。

表 7.6　滚转角速度控制的非线性模型预测控制器参数值

参　量	数　值	参　量	数　值
N_p	15	$Q_{l_1,\cdots,6}$	1
N_c	2	P_{a_p}	[0.1，30，0.1]
T	0.1 s	$P_{\omega_\mathrm{p},\mathrm{tilt}}$	[0.1，10]
Q_{r_p}	[0.1，100，0.1]	P_{ω_p}	[0.1，0.1，0.1]
Q_{v_p}	[0.1，0.1，0.1]	$r_{\mathrm{p},\mathrm{init}}$	[0，0，3.0]
Q_{β_p}	[0.1，0.1，0.1]	$v_{\mathrm{p},\mathrm{init}}$	[0，0，0]
$Q_{\beta_\mathrm{p},\mathrm{tilt}}$	[0.1，0.1]	$\beta_{\mathrm{p},\mathrm{init}}$	[0，0，0]
Q_{x_c}	[0.1，0.1，0.1]	$a_{\mathrm{p},\mathrm{init}}$	[0，0，0]
Q_{x_o}	[0.1，0.1]	$\omega_{\mathrm{p},\mathrm{tilt},\mathrm{init}}$	[0，0]
Q_{x_t}	[0.1，0.1，0.1]	$\omega_{\mathrm{p},\mathrm{init}}$	[0，0，0]

飞机的滚转角速度仿真结果如图 7.5 所示。从图 7.5 可以看出，对于角速度控制的非线性模型预测控制器加了自适应权重因子，因此可

以根据平台的可运行空间动态地调节轨迹跟踪的权重因子，使得系统在可运行空间较大的时候，增大跟踪误差的权重因子，达到相对精确跟踪的效果，在系统可运行空间较小的时候，减小跟踪误差的权重因子，实现大致跟踪。但是，由于经典洗出算法和最优化洗出算法没有考虑平台的约束，且经典洗出算法是在平台最坏情况下进行参数整定的，所以面对大幅度、大过载时的仿真结果较差，在失速前端和改出末端存在较为明显的跟踪误差，在失速和改出中没有最大限度地发挥模拟机运行平台的性能。因此，与经典洗出算法和最优化洗出算法相比，具有自适应权重因子调节的非线性模型预测动感模拟算法对参考轨迹具有较好的跟踪性能。

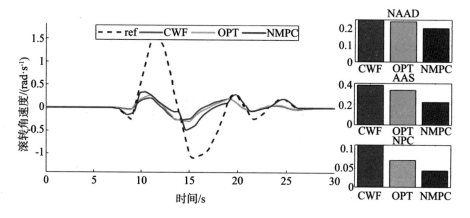

图 7.5 复杂飞行状态预防及改出训练下不同洗出算法滚转角速度及动感模拟逼真度评价指标图

表 7.7 给出了复杂飞行状态预防及改出训练下不同洗出算法对应的评估指标值。由不同洗出算法对应的 X 值可以看出，采用非线性模型预测动感模拟算法要明显优于使用经典洗出算法和最优化洗出算法，能够最大限度地发挥模拟机运动平台的性能，具有更高的飞行模拟机动感模拟逼真度。

表 7.7　不同洗出算法对应的逼真度评价指标值

算法名称	NAAD	AAS	NPC	X
CWF	0.253 5	0.378 6	0.112 2	0.240 3
OPT	0.241 0	0.334 0	0.071 3	0.202 1
NMPC	0.201 7	0.216 7	0.043 7	0.139 7

在飞机模拟机机翼水平失速的复杂飞行状态预防及改出训练中，横向加速度通道和滚转角速度通道的加速度和角速度幅度变化最大，其余通道的加速度和角速度的变化较小，对于全动飞行模拟来说可以忽略不计。因此，全动飞行模拟只需考虑横向加速度通道和滚转加速度通道即可。表 7.8 给出了全动飞行模拟机机翼水平失速场景下复杂飞行状态预防及改出训练的不同洗出算法对应的动感模拟逼真度全通道逼真度评价指标 IV。IV 指标是模拟机全通道客观评估和模拟机驾驶员对客观指标敏感度的主观指标（即表 7.1 给出的权重值）进行权重积求和的结果，可以作为全动飞行模拟动感模拟逼真度的评估指标。通过7.2.2 节给出的基于多指标融合加权的洗出算法逼真度评估方法，可以求取全动飞行模拟复杂飞行状态预防及改出训练下动感模拟逼真度评估指标 IV。不同洗出算法的 IV 值验证了采用非线性模型预测动感模拟算法的全动飞行模拟复杂飞行状态预防及改出训练的动感模拟逼真度要明显优于经典洗出算法和最优化洗出算法的结论，能够最大限度地发挥模拟机运动平台的性能，可以满足飞行员复杂飞行状态预防及改出训练的要求。

表 7.8　不同洗出算法对应的逼真度评价指标值

算法名称	横向加速度通道 X	滚转角速度通道 X	IV
CWF	0.195 5	0.240 3	0.132 4

（续　表）

算法名称	横向加速度通道 X	滚转角速度通道 X	IV
OPT	0.121 3	0.202 1	0.094 2
NMPC	0.096 6	0.139 7	0.070 2

7.5.3　机翼水平失速场景下模拟机运动平台工作空间使用情况

由于飞行模拟机的运行空间有限，无法完全模拟飞机的空中飞行环境。如何有效地利用模拟机的有限运行空间来逼近模拟空中飞行环境是模拟机的目标。因此，飞行模拟机运行空间的利用率也在一定程度上表征模拟机系统动感模拟的逼真度。

经典洗出算法是基于最坏情况下的保守设计，因此其对平台有效工作空间的使用率较低。最优化洗出算法克服了经典洗出算法的缺点，该算法采用在线实时优化的思想，因此其对平台有效工作空间的使用率较高，但由于没有考虑平台的约束情况，因此其优化计算的解是次优的。非线性模型预测动感模拟算法考虑到模拟机平台的约束情况，并且在每个时间步进行优化计算以获得相对最优解，因而其对平台的有效工作空间的利用率最高。同时，自适应权重因子的加入，使得平台在可行工作空间较大时，拥有良好的快速响应特性，能够快速跨越更多的工作空间，从而具有更高的有效工作空间利用率。图 7.6 给出了机翼水平失速下复杂飞行状态预防及改出训练场景中模拟机平台支腿的长度使用信息。

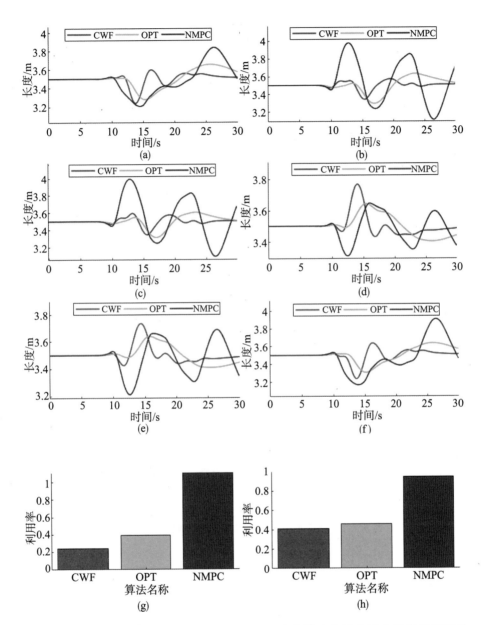

图 7.6　复杂飞行状态预防及改出训练下不同洗出算法支腿力及空间利用率评价指标图

（a）支腿 1；（b）支腿 2；（c）支腿 3；（d）支腿 4；（e）支腿 5；（f）支腿 6；

（g）IQR 值；（h）STD 值

支腿腿长的平均 IQR 和 STD 值表明，非线性模型预测动感模拟算法在优化计算中考虑了支腿长度约束，因而采用非线性模型预测控制器的系统能够有效地利用模拟机运动平台的可行工作空间，从而最大限度地发挥模拟机运动平台的性能，提高复杂飞行状态预防及改出训练时驾驶员的动感模拟逼真度。

综上所述，对于机翼水平失速的失控预防及改出仿真训练来说，经典洗出算法是在平台最坏情况下进行参数整定的，所以面对大幅度、大过载时的仿真结果最差。最优化算法由于实时在线优化飞机和模拟机之间的运动感觉差异，相对经典洗出算法具有较好的逼真度。但是，由于最优化洗出算法没有考虑平台运行空间的约束，因此也没有最大限度地发挥模拟机平台的性能。非线性模型预测动感模拟算法是在平台运动空间约束下，实时在线优化计算飞机和模拟机之间的运动感觉差异，因而能够最大限度地利用模拟机运动平台的运行空间，其面对大幅度和大过载的复杂飞行状态预防及改出训练时具有优秀的仿真性能。失速状态下，非线性模型预测动感模拟算法产生的横向角速度和线加速度与飞行员前庭系统感知到的运动信息较为逼近，优于相同失控预防及改出场景下经典洗出算法和最优化洗出算法的训练结果。

7.6　飞机典型运动状态的仿真分析

飞机的飞行状态主要分为起飞、爬升、巡航、下降、进近和着陆，其中比较典型的运动状态为起飞和降落。本节对飞机的典型飞行状态进行了仿真实验，利用仿真结果对系统的性能进行了分析。

7.6.1　飞机起飞场景下系统仿真结果分析

飞机的起飞阶段包括起飞滑跑、离地和加速爬升等过程，此阶段飞机的发动机处于最大推力状态，飞机的纵向加速度和俯仰角速度变化都比较大，且飞机纵向加速度出现最大值，加速度持续时间也很长。图 7.7 为飞机起飞阶段的纵向加速度和俯仰角速度的变化曲线。

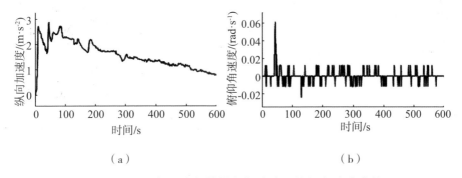

（a）　　　　　　　　　　　　　　（b）

图 7.7　飞机起飞阶段的纵向加速度和俯仰角速度曲线

（a）纵向加速度；（b）俯仰角速度

图 7.8 为飞机起飞场景下飞机的纵向加速度仿真结果。具有等式约束的非线性模型预测控制器和不具有等式约束的非线性模型预测控制器的参数分别如表 7.3 和表 7.4 所示。对于横向加速度模拟来说，经典洗出算法的输出为平台的线加速度和倾斜角速度，仿真结果中的经典洗出算法曲线为经过前庭模型的模拟机驾驶员前庭系统感受到的加速度信号。由于经典洗出算法没有考虑人体前庭系统模型，因此飞行员实际感知到的加速度逼真度也最差。最优化洗出算法中加了人体的前庭模型，可以有效降低驾乘者的动感模拟失真感，因此仿真结果比经典洗出算法要好很多。但由于最优化洗出算法的滤波器是围绕滤波后的白噪声设计的，因此与经典的洗出滤波器一样，在其他工作条件下也是次优的。非线性模型预测动感模拟算法在飞机起飞场景下纵向加

速度上升最快的阶段实现了最大化的逼近跟踪，在其余阶段实现了精确的跟踪。

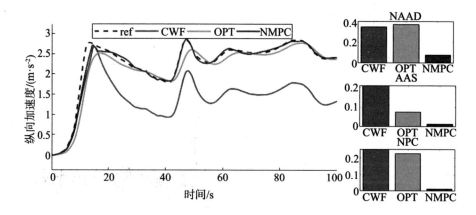

图 7.8　飞机起飞阶段不同洗出算法纵向加速度及动感模拟逼真度评价指标图

表 7.9 给出了飞机起飞阶段纵向加速度通道不同洗出算法动感模拟逼真度评价指标对应的具体值。由不同洗出算法对应的 X 值可以看出，在飞机起飞阶段的横向加速度通道的模拟仿真中，采用非线性模型预测动感模拟算法要明显优于使用经典和最优化洗出算法，能够最大限度地发挥模拟机运动平台的性能，具有更高的动感模拟逼真度。

表 7.9　不同洗出算法对应的逼真度评价指标值

算法名称	NAAD	AAS	NPC	X
CWF	0.253 5	0.378 6	0.112 2	0.240 3
OPT	0.241 0	0.334 0	0.071 3	0.202 1
NMPC	0.201 7	0.216 7	0.043 7	0.139 7

图 7.9 为飞机起飞场景下飞机的俯仰角速度仿真结果。在俯仰角速度的控制仿真测试中，由于平台运行空间的限制，无法精确地实现角

速度的跟踪。但由于非线性模型预测动感模拟算法能够实现自适应权重调节，因而在角速度变化较小的时候可以实现精确跟踪。此外，非线性模型预测控制器可以较好地处理平台的约束，因此对平台的可行空间利用率较高，在超出大致跟踪阶段也能够最大限度地发挥平台的性能。另外，与经典洗出滤波算法和最优化洗出滤波算法相比，非线性模型预测动感模拟算法具有良好的处理约束的能力，因而在 1 处可以最大限度地逼近模拟机角速度性能边界，使角速度曲线逼近模拟机的包线，最大限度地提高模拟机的动感模拟逼真度。但由于加速度逼近包线运行，会有比较明显的减速回调的要求，相较于经典和最优化洗出滤波算法，非线性模型预测动感模拟算法在 2 处回调作用明显，逼真度下降较快。在仿真模拟中，可以通过调节自适应权重因子进行折中处理。

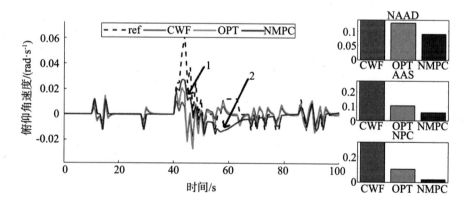

图 7.9　飞机起飞阶段不同洗出算法俯仰角速度及动感模拟逼真度评价指标图

表 7.10 给出了飞机起飞阶段俯仰角速度通道不同洗出算法动感模拟逼真度评价指标对应的具体值。由不同洗出算法对应的 X 值可以看出，采用非线性模型预测动感模拟算法要明显优于使用经典洗出算法和最优化洗出算法，具有更高的飞行模拟机动感模拟逼真度。

表 7.10　不同洗出算法对应的逼真度评价指标值

算法名称	NAAD	AAS	NPC	X
CWF	0.253 5	0.378 6	0.112 2	0.240 3
OPT	0.241 0	0.334 0	0.071 3	0.202 1
NMPC	0.201 7	0.216 7	0.043 7	0.139 7

在飞机起飞阶段，纵向加速度通道和俯仰角速度通道的加速度和角速度幅度变化最大，其余通道的加速度和角速度的变化较小，其影响可以忽略不计。因此，全动模拟只需考虑横向加速度通道和滚转加速度通道即可，这里只给出了表 7.11 所示的全动飞行模拟机起飞阶段不同洗出算法对应的全通道动感模拟逼真度评价指标 IV。与机翼水平失速场景下的复杂飞行状态预防及改出训练一样，不同洗出算法的 IV 值也验证了采用非线性模型预测动感模拟算法飞机起飞阶段的全动飞行仿真模拟的动感模拟逼真度要明显优于经典洗出算法和最优化洗出算法的结论，能够最大限度地发挥模拟机运动平台的性能，提高全动飞行模拟机动感模拟的逼真度。

表 7.11　不同洗出算法对应的逼真度评价指标值

算法名称	横向加速度通道 X	滚转角速度通道 X	IV
CWF	0.195 5	0.240 3	0.132 4
OPT	0.121 3	0.202 1	0.094 2
NMPC	0.096 6	0.139 7	0.070 2

图 7.10 为飞机起飞场景下飞机的纵向加速度和俯仰角速度仿真时模拟机的支腿长度变化仿真结果。通过 IQR 值和 STD 值比较可以发现，由于非线性模型预测动感模拟算法在优化计算中考虑了支腿长度约束，所以非线性模型预测动感模拟算法对平台的可行运行空间的利用率比传统的经典洗出算法和最优化洗出算法有显著提升。

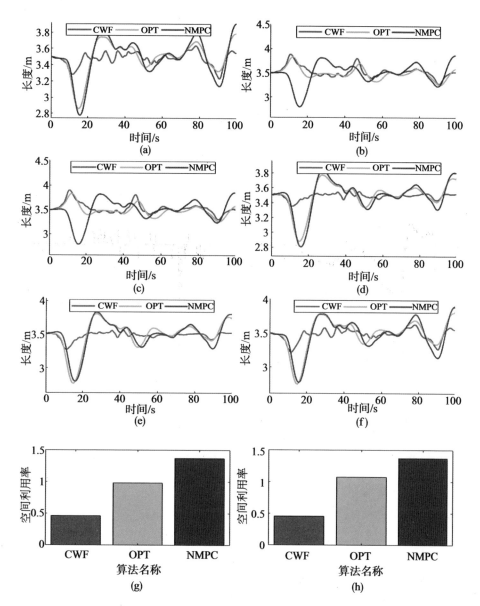

图 7.10 飞机起飞阶段不同洗出算法支腿力及空间利用率评价指标图

（a）支腿 1；（b）支腿 2；（c）支腿 3；（d）支腿 4；（e）支腿 5；（f）支腿 6；
（g）IQR 值；（h）STD 值

7.6.2　飞机着陆场景下系统仿真结果分析

飞机的着陆阶段包括下滑、拉平、平飞减速、触地和滑跑等过程，此阶段飞机的纵向加速度和俯仰角的变化也比较剧烈，尤其是飞机接地的时候会受到一定的冲击。因此，飞机的着陆阶段的运行状态相对比较恶劣，具有典型的代表性。图 7.11 为飞机着陆阶段的纵向加速度和俯仰角速度的变化曲线。

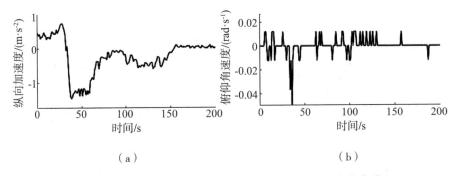

（a）　　　　　　　　　　　　（b）

图 7.11　飞机着陆阶段的纵向加速度和俯仰角速度曲线

（a）纵向加速度；（b）俯仰角速度

图 7.12 为飞机着陆场景下飞机的纵向加速度仿真结果。具有等式约束的非线性模型预测控制器和不具有等式约束的非线性模型预测控制器的参数分别如表 7.3 和表 7.4 所示。与飞机起飞阶段类似，非线性模型预测动感模拟算法在飞机着陆场景下纵向加速度变化最剧烈的阶段，由于平台的约束限制实现了最大化的逼近跟踪，在其余阶段实现了精确跟踪。

表 7.12 给出了飞机着陆阶段不同洗出算法纵向加速度及动感模拟逼真度评价指标对应的具体值。与飞机起飞阶段类似，在着陆场景下飞机纵向加速度的仿真结果中，非线性模型预测动感模拟算法的仿真效果优于经典洗出算法和最优化洗出算法。

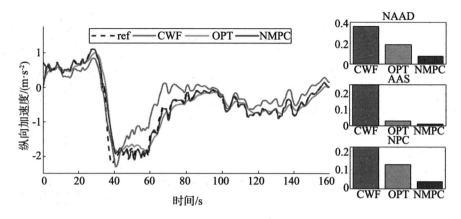

图 7.12　飞机着陆阶段不同洗出算法纵向加速度及动感模拟逼真度评价指标图

表 7.12　不同洗出算法对应的逼真度评价指标值

算法名称	NAAD	AAS	NPC	X
CWF	0.253 5	0.378 6	0.112 2	0.240 3
OPT	0.241 0	0.334 0	0.071 3	0.202 1
NMPC	0.201 7	0.216 7	0.043 7	0.139 7

　　图 7.13 为飞机着陆场景下飞机的俯仰角速度仿真结果。虽然非线性模型预测动感模拟算法可以最大限度地逼近模拟机包线，提供良好的逼真度，但是对于飞机着陆阶段俯仰角速度来说，经典和最优化洗出算法容易在 2 处产生回调要求，过度的回调角速度会造成与真实飞机相反的运动信息感知，从而导致动感模拟失真。因此，非线性模型预测动感模拟算法通过增大角度自适应权重因子值来提供阻尼作用，降低 1 处角速度的跟踪精度，消除 2 处的回调现象。与飞机起飞阶段类似，非线性模型预测动感模拟算法对飞机着陆场景下模拟机驾驶员对俯仰角速度的动感模拟逼真度也有一定的提升。

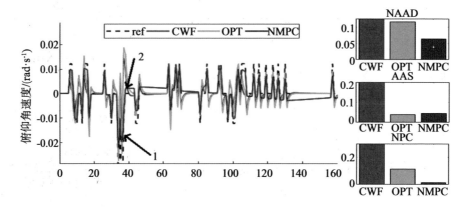

图 7.13　飞机着陆阶段不同洗出算法俯仰角速度及动感模拟逼真度评价指标图

表 7.13 给出了飞机着陆阶段俯仰角速度通道不同洗出算法动感模拟逼真度评价指标对应的具体值。由表 7.13 可知，对于飞机着陆阶段俯仰角速度的动感模拟来说，非线性模型预测动感模拟算法要高于经典和最优化洗出算法，具有较好的动感模拟逼真度。

表 7.13　不同洗出算法对应的逼真度评价指标值

算法名称	NAAD	AAS	NPC	X
CWF	0.253 5	0.378 6	0.112 2	0.240 3
OPT	0.241 0	0.334 0	0.071 3	0.202 1
NMPC	0.201 7	0.216 7	0.043 7	0.139 7

与飞机起飞阶段类似，在飞机着陆阶段，纵向加速度通道和俯仰角速度通道的加速度和角速度幅度变化最大，其余通道的加速度和角速度变化较小，产生的影响可以忽略不计。因此，对于全动飞行模拟来说，只需考虑横向加速度通道和滚转角速度通道的影响。表 7.14 为全动飞行模拟机着陆阶段不同洗出算法对应的动感模拟逼真度评价指标 IV。通过 IV 指标的数值可以看出，对于全动飞行模拟来说，非线

性模型预测动感模拟算法的逼真度要优于经典和最优化洗出算法的逼真度。

表 7.14　不同洗出算法对应的逼真度评价指标值

算法名称	横向加速度通道 X	滚转角速度通道 X	IV
CWF	0.195 5	0.240 3	0.132 4
OPT	0.121 3	0.202 1	0.094 2
NMPC	0.096 6	0.139 7	0.070 2

　　图 7.14 为飞机着陆场景下飞机的纵向加速度和俯仰角速度仿真时模拟机的支腿长度变化仿真结果。与飞机起飞阶段类似，飞机着陆阶段非线性模型预测动感模拟算法对平台的可行运行空间的利用率比传统的经典和最优化算法有显著提升。

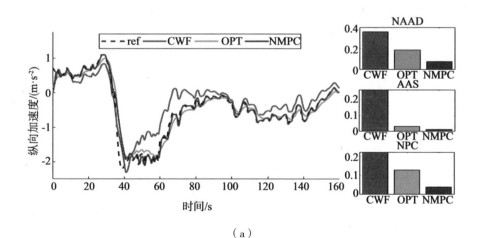

（a）

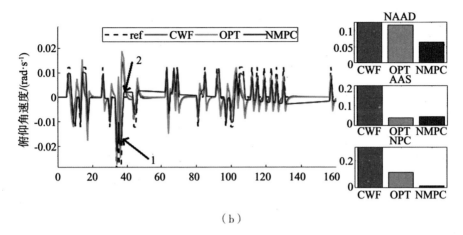

（b）

图 7.14   飞机着陆阶段不同洗出算法支腿力及空间利用率评价指标图

（a）纵向加速度；（b）俯仰角速度

7.7   本章小结

本章首先介绍了模拟机动感模拟逼真度的研究现状，然后介绍了 AAD、NAAD、AAS、NPC 和 ETD 等主要参考评价指标，提出了一种基于多指标融合加权的洗出算法动感模拟逼真度评估方法。然后，给出了模拟机平台可行空间使用率的 IQR 和 STD 等参考指标。对机翼水平失速、飞机起飞和飞机降落等场景进行了仿真实验，将提出的非线性模型预测动感模拟算法与经典洗出算法和最优化洗出算法进行了比较，并且对所有算法进行了相应的调整，在将模拟机平台的支腿位移保持在物理约束范围以内的同时，最大限度地发挥参考跟踪的性能。最后，使用相应的性能指标对仿真结果进行了分析，验证了所设计系统的有效性，对提高模拟机复杂飞行状态预防及改出训练和典型运动训练的动感模拟逼真度起到了积极作用。

第 8 章　结论与展望

8.1 结论

　　本研究的核心研究内容是提高飞行模拟机复杂飞行状态预防及改出训练下动感模拟的逼真度，对影响飞行模拟机动感模拟逼真度的运动控制方法和洗出算法两大核心部分展开系统研究，提出了一套有关系统运动学和动力学建模、可切换模式的非线性模型预测动感模拟算法、控制系统参数辨识、L1 自适应控制和动感模拟逼真度评价方法的理论和技术体系，对决定飞行模拟机动感模拟逼真度的关键技术问题提供了重要支撑。

　　本书的研究工作主要包含以下几个方面：

　　（1）在充分分析近些年来商用客机事故原因、类型和数量的基础上，分析了对复杂飞行状态预防及改出训练模拟的迫切需求的原因。由于复杂飞行状态预防及改出训练大幅度、大过载等特点，对用于复杂飞行状态预防及改出训练的飞行模拟机动感模拟逼真度提出了更高的要求，明确了本课题的研究意义。另外，本书系统、翔实地梳理了国内外影响动感模拟逼真度的洗出算法和保证动感模拟逼真度的运动控制系统的研究现状，指出了当前研究的问题和不足。

　　（2）在详细论述飞机复杂飞行状态原因的基础上，把飞机复杂飞行状态分为飞行员导致的飞机复杂飞行状态、飞机系统异常导致的飞机复杂飞行状态、环境因素导致的飞机复杂飞行状态和混合因素导致的飞机复杂飞行状态四类。对模拟机复杂飞行状态预防及改出训练中出现的惊吓因素、低过载和全行程操纵输入的使用等相关问题进行了分析。以机头缓慢上扬并进入失速状态的飞机复杂飞行状态预防及改出训练为例，给出了模拟机训练的具体操作流程。明确了复杂飞行状态预防及改出训练对模拟机动感模拟系统高逼真度的要求，通过提高模拟机动感模拟逼真度可以最大限度地逼近模拟机的训练包线，提升复杂飞行状态预防及改出训练的效果。

（3）研究了 L1 自适应控制系统的工作原理。设计了基于 L1 自适应控制的模拟机运动控制系统。该系统通过引入状态预测器，实现了对系统的误差信号和控制信号的相互独立设计，在保证控制系统性能的同时可以实现对控制器的任意设计。在反馈环节中加入低通滤波器，可以降低输入信号的高频噪声，并且通过设置滤波器的带宽使系统的幅值裕度和相位裕度不受高增益的影响，从而增强了系统的鲁棒性。该控制方案能够保证系统存在未建模动态的时候，仍具有较好的稳态和瞬态性能，从而在根本上改善飞行模拟机运动控制系统的性能，保证动感模拟的逼真度。

（4）研究了 L1 自适应控制系统参数的设置方法，给出了控制系统 L1 增益上边界的确定方法。以横向位置跟踪和滚转角姿态跟踪作为控制目标，分别进行了阶跃响应、频率响应及复杂状态信号的跟踪能力测试，验证了 L1 自适应控制系统的瞬态和动态跟踪性能。在鲁棒性能测试中，选取模型参考自适应控制作为对照，通过考察 L1 自适应控制系统对输入高频噪声扰动，以及由于模拟机平台存在未建模动态、非线性摩擦、平台负载质量变化等状态扰动的抗干扰能力，验证了 L1 自适应控制系统的鲁棒性，指出 L1 自适应控制方法对提高飞行模拟机控制系统性能方面具有良好的工业应用前景。

（5）建立了非线性模型预测动感模拟算法的预测模型。首先，对影响飞行模拟机动感模拟逼真度的非线性模型预测动感模拟算法进行了预测模型的设计，对含倾斜协调的人体前庭系统进行了建模，建立了模拟机支腿长度与平台运行状态非线性变化的运动学模型。然后，对人体前庭系统模型和模拟机的运动学模型进行了融合建模，该建模方法以前庭系统感知的运动信息为控制目标，考虑到平台的运行空间约束，可以最大化模拟机的动感模拟逼真度。

（6）设计了非线性模型预测动感模拟算法，深入研究了非线性模型预测控制理论和方法。针对飞行模拟机含有倾斜协调的横向和纵向加速度通道，设计了含有等式约束和不含等式约束的控制器，设计了可切换控制系统，降低了洗出算法在复杂飞行状态预防及改出训练的改出阶段出现的振荡和逼真度显著下降的现象。设计了自适应权重调节器，有效降低了系统在可行空间的边界出现跟踪轨迹不平滑的情况。对非线性模型预测控制系统的稳定性进行了系统的研究和分析设计，保证了系统的稳定性。

（7）在 AAD、NAAD、AAS、NPC 和 ETD 等主要的动感模拟逼真度参考评价指标的基础上，提出了一种基于多指标融合加权的洗出算法动感模拟逼真度评估方法。在机翼水平失速、飞机起飞、飞机降落等场景下进行了仿真实验，将提出的非线性模型预测动感模拟算法与经典洗出算法和最优化洗出算法进行了比较，并且对所有算法进行了相应的调整，在将模拟机平台的支腿长度保持在相应的物理约束范围以内的同时，最大限度地提高参考跟踪性能。这对提高模拟机典型运动的动感模拟逼真度训练具有良好的应用前景。

8.2　进一步研究工作展望

虽然本书在全动飞行模拟机复杂飞行状态预防及改出训练的动感

模拟逼真度方面进行了系统的研究工作，取得了一定的研究成果，但仍需在以下几个方面做出进一步的研究工作：

（1）需要对非线性模型预测动感模拟算法的预测模型进行深一步的研究建模工作。目前，建立的预测模型只含有飞行员前庭系统的模型，但飞行员动感模拟也会受到躯干、肢体等的影响，需要针对动感模拟方面对飞行员进行更深层次的建模。

（2）需要简化非线性模型预测动感模拟算法的优化计算时间。虽然可以通过视觉信息与模拟机洗出运动信息同步的方法提高模拟机系统的仿真逼真度，但过大的模拟机洗出运动信息会对飞行员的操作灵敏度造成明显滞后的影响，也会降低系统仿真的逼真度。因此，需要设计诸如离线计算等的非线性模型预测控制方法，以进一步降低系统的优化时间。

（3）在7.2.2节中，提出了一种基于多指标融合加权的洗出算法动感模拟逼真度评估方法，该方法依赖于客观指标（评价指标）与权重因子的相关性这一主观指标。对于这些主观指标，本书主要参考了文献[127]，后期可以对飞行员分组进行飞行模拟实验，优化主观指标的准确性。

参考文献

[1] Boeing. Statistical Summary of Commercial Jet Airplane Accidents Worldwide Operations 2011—2020[R]. Chicago：Boeing Co.，BA，2021.

[2] 欧洲航空安全局. Annual safety review 2018[R]. Germany：European Aviation Safety Agency Safety Intelligence & Performance Department，2018.

[3] 联邦调查局. Airplane Upset Recovery Training Aid[R]. Washington DC：FAA，2008.

[4] JUDITH B C. Technical challenges of upset recovery training：simulating the element of surprise[C]//AIAA Modeling and Simulation Technologies Conference，Toronto，Ontario Canada，2010.

[5] DAVID R，JOHN N. Aerodynamics modeling for upset training[C]//AIAA Modeling and Simulation Technologies Conference and Exhibit，Honolulu，Hawaii，2008.

[6] HARRY G，KWATNY J，CHANG B. Nonlinear analysis of aircraft loss of control[J].Journal of Guidance，Control and Dynamics，2013，36（1）：149-162.

[7] SUNJOO A，JORIS F. Upset prevention and recovery training in flight simulators[C]//AIAA Modeling and Simulation Technologies Conference，Portland，Oregon，2011.

[8] 黄邦菊，郑潇雨，林俊松，等. 基于 SuperMap 复杂地形下的直升机飞行计划制定方法研究 [J]. 中国民航飞行学院学报，2013，24（2）：14-16，26.

[9] SUNJOO K，JEFFERY A，BURKS B. Global implementation of Upset Prevention & Recovery Training[C]//AIAA Modeling and Simulation Technologies Conference，San Diego，California，USA，2016.

[10] STEWART D. A platform with six degree-of-freedom[J].Proceedings of the Institute for Mechanical Engineering，1965，180：371-386.

[11] WILBORN J E，FOSTER J V. Defining commercial transport loss-of-control：a quantitative approach[C]//AIAA Atmospheric Flight Mechanics Conference and Exhibit，2013.

[12] ADVANI S，SCHROEDER J，BURKS B. What really can be done in simulation to improve upset training?[C]// AIAA Modeling and Simulation Technologies Conference，2010.

[13] FIELD J，ROZA M，SMAILI H. Developing upset cueing for conventional flight simulators[C]//AIAA Modeling and Simulation Technologies Conference，2012.

[14] ADVANI S，FIELD J. Upset prevention and recovery training in flight simulators[C]//AIAA Modeling and Simulation Technologies Conference，2011.

[15] SCHMIDT S F，CONRAD B. Motion drive signals for piloted flight simulators[J]. Technical Report NASA CR-1601，NASA Ames Research Center，1970，6：712.

[16] ANDERSON S，MORRISON R. Lessons learned from a historical review of piloted aircraft simulators at nasa-ames research center[C]//AIAA Flight Simulation and Technologies Conference. Monterey，AIAA，1993.

[17] PARRISH R，DIEUDONNE J，MARTIN J. Motion software for a synergistic six-degree-of-freedom motion base[J]. Technical Report NASA-TN-D-7350，NASA LARC，1973，1：1-46.

[18] GRANT P, REID L. Motion washout filter tuning: rules and requirements[J]. Journal of Aircraft, 1997, 34（2）: 145–151.

[19] MEDWETH K. Tuning of washout filter coefficients for various aircraft simulations[D]. Toronto: University of Toronto, 1994.

[20] NAHON M, REID L. Simulator motion–drive algorithms: a designer's perspective[J]. Journal of Guidance, Control and Dynamics, 1990, 13(2): 356–362.

[21] GRANT P. The development of a tuning paradigm for flight simulator motion drive algorithms[D]. Toronto: University of Toronto, 1996.

[22] SINACORI J. Cockpit motion requirements for simulation studies of critical stability and control problems[J]. Journal of the American Helicopter Society, 1970, 15（3）: 10–21.

[23] GRANT P, REID L. ROTEST: an expert system for tuning simulator washout filters[J]. Journal of Aircraft, 1997, 34（2）: 152–159.

[24] HULLEN O. Implementation, testing and application protest simulator motion expert tuning software[D]. Toronto: University of Toronto, 2000.

[25] CASAS S, COMA I, PORTALÉS C, et al. Towards a simulation–based tuning of motion cueing algorithms[J]. Simulation Modelling Practice and Theory, 2016, 67: 137–154.

[26] THÖNDEL E. Design and optimisation of a motion cueing algorithm for a truck simulator[C]//26th annual European simulation and modelling conference, 2012.

[27] PARRISH R, DIEUDONNE J, BOWLES R. Coordinated adaptive washout for motion simulators[J]. Journal of Aircraft, 1975, 12（1）: 44–50.

[28] PARRISH R V, DIEUDONNE J E, BOWLES R L. Coordinated Adaptive Filters for Motion Simulators[C]//Summer Comput Simulation Conference. Montreal, 1973: 295–300.

[29] O'TOOLE G. An investigation of the UTIAS adaptive washout algorithm[D]. Toronto: University of Toronto, 1995.

[30] NAHON M, REID L, KIRDEIKIS J. Adaptive simulator motion software with supervisory control[J]. Journal of Guidance Control and Dynamics, 1992, 15（2）: 376–383.

[31] KIRDEIKIS J. Evaluation of nonlinear motion–drive algorithms for flight simulators[J]. Cardiology in the Yong, 1989, 16（1）: 85–91.

[32] REID L, NAHON M. Flight simulation motion–base drive algorithms: part3–pilot evaluations[J]. Technical Report UTIAS report UTIAS–319 UTIAS, 1986（32）: 1–231.

[33] NASERI A. Improvement of the UTIAS adaptive motion drive algorithm[D]. Toronto: University of Toronto, 2006.

[34] STURGEON W. Controllers for aircraft motion simulators[J]. Journal of Guidance, Control and Dynamics, 1981, 4（2）: 184–191.

[35] FRIEDLAND B, LING C, HUTTON M. Quasi–optimum design of a six degree of freedom moving base simulator control system[J]. Technical Report NASA–CR–2312, NASA, 1973（11）: 1–135.

[36] SIVAN R, SHALOM J, HUANG J. An optimal control approach to the design of moving flight simulators[J]. IEEE Transactions on Systems, Man, Cybernetics, 1982, 12（6）: 818–827.

[37] TELBAN R, CARDULLO F, HOUCK J. Developments in human centered cueing algorithms for control of flight simulator motion systems[C]//AIAA Modeling and Simulation Technologies Conference and Exhibit. Portland, AIAA, 1999.

[38] HAN M, LEE S, LEE M. Optimal motion cueing algorithm using the human body model[J]. JSME International Journal Series C, 2002, 45（2）: 487–491.

[39] ELLOUMI H, BORDIER M, MAÏZI N. An optimal control scheme for a driving simulator[J]. ICINCO 2005–ROBOTICS AND AUTOMATION, 2005（32）: 40–47.

[40] ROMANO R. Non–linear optimal tilt coordination for washout algorithms[C]//AIAA Modeling and Simulation Technologies Conference and Exhibit. AIAA, 2003.

[41] MAYNE D. Control of constrained dynamic systems[J]. European Journal of Control, 2001, 7（2–3）: 87–99.

[42] DAGDELEN M, REYMOND G, KEMENY A, et al. Model–based predictive motion cueing strategy for vehicle driving simulators[J]. Control Engineering Practice, 2009, 17（9）: 995–1003.

[43] AUGUSTO B, LOUREIRO R J L. Motion cueing in the chalmers driving simulator: A model predictive control approach[D]. Goteborg: Chalmers University of Technology, 2009.

[44] BASEGGIO M, BEGHI A, BRUSCHETTA M, et al. An MPC approach to the design of motion cueing algorithms for driving simulators[C]// Intelligent Transportation Systems（ITSC）2011 14th International IEEE Conference on, 2011: 692–697.

[45] TELBAN J, CARDULLO F. Motion cueing algorithm development: human–centered linear and nonlinear approaches[J]. Nasa Tech. Report, 2005（5）: 78–102.

[46] FANG Z, KEMENY A. Explicit MPC motion cueing algorithm for real–time driving simulator[C]//Power Electronics and Motion Control Conference（IPEMC）2012 7th International, 2012, 2: 874–878.

[47] BEGHI A, BRUSCHETTA M, MARAN F. A real–time implementation of an MPC–based motion cueing strategy with time–varying prediction[C]// Systems Man and Cybernetics（SMC）2013 IEEE International Conference on, 2013: 4149–4154.

[48] GARRETT N, BEST M. Model predictive driving simulator motion cueing algorithm with actuator–based constraints[J]. Vehicle System Dynamics: International Journal of Vehicle Mechanics and Mobility, 2013, 51: 1151–1172.

[49] DAGDELEN M, REYMOND G, KEMENY A. Model–based predictive motion cueing strategy for vehicle driving simulators[J]. Control Engineering Practice, 2009, 17（9）: 995–1003.

[50] FANG Z, KEMENY A. Motion cueing algorithms for a real–time automobile driving simulator[C]//In Proceedings of the Driving Simulation Conference, 2012.

[51] KATLIAR M, FISCHER J, FRISON G, et al. Nonlinear model predictive control of a cable–robot–based motion simulator[J]. IFAC–Papers On Line, 2017, 50: 9833–9839.

[52] KATLIAR M, OLIVARI M, DROP F. Offline motion simulation framework: optimizing motion simulator trajectories and parameters[J]. Transportation Research Part F Traffic Psychology and Behaviour, 2019, 66: 29–46.

[53] BEGHI A, BRUSCHETTA M, MARAN F. A real time implementation of MPC based Motion Cueing strategy for driving simulators[C]//Decision and Control（CDC）, 2012 IEEE 51st Annual Conference on. IEEE, 2012.

[54] BASEGGIO M, BEGHI A, BRUSCHETTA M, et al. An MPC approach to the design of motion cueing algorithms for driving simulators[C]//2011 14th International IEEE Conference on Intelligent Transportation Systems（ITSC）. IEEE, 2011: 692–697.

[55] RUSCHETTA M, MARAN F, BEGHI A. A fast implementation of MPC–based motion cueing algorithms for mid–size road vehicle motion simulators[J]. Vehicle System Dynamics, 2017, 55（6）: 802–826.

[56] LEWIS F, DAWSON D, ABDALLAH C. Robot Manipulator Control: Theory and Practice[M]. Amsterdam: New York: Marcel Dekker, 2004.

[57] NENCHEV D, KONNO A, TSUJITA T. Humanoid robots: modeling and control[M]. Amsterdam: Elsevier Science & Technology, 2018

[58] KHOSRAVI M, TAGHIRAD H. Dynamic analysis and control of cable driven robots with elastic cables[J]. Transactions of CSME, 2011, 35(4): 543–577.

[59] LEWIS F, DAWSON D, ABDALLAH C. Robot manipulator control: theory and practice, 2nd edition[M]. New York: Marcel Dekker, 2004.

[60] SPONG M, HUTCHINSON S, VIDYASAGAR M. Robot modeling and control[M]. Hoboken: John Wiley & Sons, 2005.

[61] KELLY R, SALGADO R. PD control with computed feed forward of robot manipulators: a design procedure[J]. IEEE Transactions on Robotics and Automation, 1994, 10(4): 566–571.

[62] SANTIBANEZ V, KELLY R. Global convergence of the adaptive PD controller with computed feedforward for robot manipulators[C]// Proceedings 1999 IEEE International Conference on Robotics and Automation, 1999, 3: 1831–1836.

[63] GOSSELIN C. Parallel computational algorithms for the kinematics and dynamics of parallel manipulators[J]. Proc. IEEE Int. Conf. Robotics and Automation, 1993, 1: 883–889.

[64] DASGUPTA B, MRUTHYUNJAYA T. Closed–form dynamic equations of the general Stewart platform through the NewtonEuler approach[J]. Mechanism & Machine Theory, 1998, 33(7): 993–1012.

[65] DASGUPTA B, CHOUDHURY P. A general strategy based on the NewtonEuler approach for the dynamic formulation of parallel manipulators[J]. Mechanism & Machine Theory, 1999, 34(6): 801–824.

[66] JI Z. Study of the effect of leg inertia in Stewart platform[J]. Proc. IEEE Int. Conf. Robotics and Automation, 1993, 72(5): 121–126.

[67] KHALIL W, GUEGAN S. Inverse and direct dynamic modeling of Gough–Stewart robots[J]. IEEE Transactions on Robotics, 2004, 20: 754–761.

[68] KIM H, CHO Y, LEE K. Robust nonlinear task space control for 6 DOF parallel manipulator[J]. Automatica, 2005, 41（9）: 1591–1600.

[69] KANG J, KIM D, LEE K. Robust tracking control of Stewart platform[J]. Proceedings of the 35th Ieee Conference on Decision and Control, 1996, 1: 3014–3019.

[70] YIME E, SALTAREN R, DIAZ J. Robust adaptive control of the stewart–gough robot in the task space[J]. P Amer Contr Conf, 2010, 5: 5248–5253.

[71] ISLAM S, LIU P. Robust control for robot manipulators by using only joint position measurements[J]. Ieee Sys Man Cybern, 2009, 6: 4013–4018.

[72] WANG H, XIE Y. Adaptive inverse dynamics control of robots with uncertain kinematics and dynamics[J].Automatica, 2009, 9（45）: 2114–2119.

[73] CRAIG J, HSU P, SASTRY S. Adaptive control of mechanical manipulators[J]. The International Journal of Robotics Research, 1987, 6: 16–28.

[74] SPONG M, ORTEGA R. On adaptive inverse dynamics control of rigid robots[J]. IEEE Transactions on Automatic Control, 1990, 35: 92–95.

[75] SLOTINE J, LI W. On the adaptive control of robot manipulators[J]. The International Journal of Robotics Research, 1987, 6: 49–59.

[76] MIDDLETON R, GOODWIN G. Adaptive computed torque control for rigid link manipulators[J]. Systems & Control Letters, 1988, 10: 9–16.

[77] SLOTINE J, LI W. Composite adaptive control of robot manipulators[J]. Automatica, 1989, 25: 509–519.

[78] TSAI L. Solving the inverse dynamics of a Stewart–Gough manipulator by the principle of virtual work[J]. J Mech Design, 2000, 122（1）: 3–9.

[79] YIME E, GARCIA C, SABATER J M. Robot based on task–space dynamical model[J]. IET Control Theory & Applications, 2011, 5（18）: 2111–2119.

[80] JAFARNEJADSANI H, SUN D, LEE H. Optimized L1 adaptive controller for trajectory tracking of an indoor quadrotor[J]. Journal of Guidance, Control and Dynamics, 2017, 40（6）: 1415–1427.

[81] CAO C, NAIRA H. Design and analysis of a novel L1 adaptive controller, part I: Control signal and asymptotic stability[C]//2006 American Control Conference, 2006: 3397–3402.

[82] CAO C, HOVAKIMYAN N. L1 adaptive controller for multi–input multi–output systems in the presence of unmatched disturbances[J]. American Control Conference, 2008（12）: 4105–4110.

[83] CAO C, HOVAKIMYAN N. Design and analysis of a novel L1 adaptive controller, part II: Guaranteed transient performance[J]. 2006 American Control Conference, 2006（5）: 3403–3408.

[84] CAO C, HOVAKIMYAN N. Novel L1 neural network adaptive control architecture with guaranteed transient performance[J]. Ieee T Neural Networ, 2007, 18（4）: 1160–1171.

[85] ZHAO J, WU D, GU H. L1 Adaptive control of the stewart–gough flight simulator platform in the task space[C]//2019 IEEE 1st International Conference on Civil Aviation Safety and Information Technology（ICCASIT）. IEEE, 2019: 646–653.

[86] ZHAO J, WU D, GU H. Performance evaluation of stewart–gough flight simulator based on L1 adaptive control [J]. Applied Sciences, 2021, 11（7）: 3288.

[87] TELBAN R, WU W, CARDULLO F. Motion cueing algorithm development: initial investigation and redesign of the algorithms [J]. Langley: National Aeronautics and Space Administration, Langley Research Center, 2000 (4): 1-236.

[88] MOMANI A, CARDULLO F. A review of the recent literature on the mathematical modeling of the vestibular system[C]//2018 AIAA Modeling and Simulation Technologies Conference, 2018: 0114.

[89] REID L, NAHON M. Flight Simulation Motion-Base Drive Algorithms: Part 1-Developing and Testing the Equations [D].Toronto: University of Toronto, 1985.

[90] GRANT J, BEST W, LONIGRO R. Governing equations of motion for the otolith organs and their response to a step change in velocity of the skull[J]. Journal of Biomechanical Engineering, 1984, 106 (4): 302.

[91] STEWART D. A platform with six degrees of freedom[J]. Aircraft Engineering, 1965, 180: 371-386.

[92] HARIB K, SRINIVASAN K. Kinematic and dynamic analysis of Stewart platform-based machine tool structures[J]. Robotica, 2003, 21: 541-554.

[93] REHMATULLAH F. Model predictive control based motion drive algorithm for a driving simulator[D]. Ann Arbor: ProQuest Dissertations & Theses, 2017.

[94] BUKAL A, HAYCOCK B, GRANT P R. An adaptive model predictive control based motion drive algorithm[J]. AIAA Scitech 2019 Forum, 2019 (32): 456-460.

[95] GRAHAM C G, MARIA M S, JOSE A D. Constrained Control and Estimation[M]. London: Springer, 2005.

[96] FRANCESCO B, ALBERTO B, MANFRED M. Predictive Control for Linear and Hybrid Systems[M]. Cambridge: Cambridge University Press, 2017.

[97] MIKULAS O. Quadratic Programming Algorithms for Fast Model–Based Predictive Control[D].Prague: Czech Technical University in Prague, 2013.

[98] GARCIA C, MORARI M. Internal model control—A unifying review and some new results [J]. IEC Process Des.Dev, 1982, 21（2）: 308–323.

[99] KWON W, PEARSON A. On feedback stabilization of time–varying discrete linear systems [J]. IEEE Transactions on Automatic Control, 1978, 23（3）: 479–481.

[100] SCOKAERT P, CLARKE D. Stabilising properties of constrained predictive control [J]. IEE Proceedings, Control Theory and Applications, 1994, 141（5）: 295–304.

[101] CLARKE D, SCATTOLINI R. Constrained receding–horizon predictive control [J]. IEE Proccedings, Control Theory and Applications, 1991, 138（4）: 347–354.

[102] KEERTHI S, GILBERT E. Optimal infinite–horizon feedback laws for a general class of constrained discrete time systems: stability and moving–horizon approximations [J]. Journal of Optimization Theory and Applications, 1988, 57（2）: 265–293.

[103] MAYNE D, HANNAH M. Receding horizon control of nonlinear systems[J]. IEEE transactions on automatic control, 1990, 35（7）: 814–824.

[104] MICHALSKA H, MAYNE D. Robust receding horizon control of constrained nonlinear systems[J]. IEEE Transactions on Automatic Control, 1993, 38（11）: 1623–1633.

[105] LIMON D, ALAMO T, SALAS F, et al. On the stability of constrained MPC without terminal constraint[J]. IEEE Transactions on Automatic Control, 2006, 51（5）: 832–836.

[106] ALI J, JOHN H. On the stability of receding horizon control with a general terminal cost[J]. IEEE Transactions on Automatic Control, 2005, 50（5）: 674–678.

[107] CHMIELEWSKI D, MANOUSIOUTHAKIS V. On constrained infinite-time linear quadratic optimal control[J]. Systems & Control Letters, 1996, 29（3）: 121–129.

[108] DE NICOLAO G, MAGNI L, SCATTOLINI R. Stabilizing nonlinear receding horizon control via a nonquadratic terminal state penalty[C]// Proceedings of the IMACS multiconference CESA, Lille, France, 1996: 185–187.

[109] GILBERT E, TAN K. Linear systems with state and control constraints: the theory and application of maximal output admissible sets[C]//IEEE Transactions on Automatic Control, 1991: 1008–1020.

[110] PARISINI T, ZOPPOLI R. A receding horizon regulator for nonlinear systems and a neural approximation[J]. Automatica, 1995, 31（10）: 1443–1451.

[111] SZNAIER M, DAMBORG M. Suboptimal control of linear systems with state and control inequality constraints[C]//Proceedings of the 26th IEEE conference on decision and control, Los Angeles, 1987: 761–762.

[112] MAYNE D, RAWLINGS J, RAO C, et al. Constrained model predictive control: stability and optimality[J]. Automatica, 2000, 36（6）: 789–814.

[113] CHEN H, ALLGOWER F. A quasi–infinite horizon nonlinear model predictive control scheme with guaranteed stability [J]. Automatica, 1998, 34（10）: 1205–1217.

[114] DE DONÁ J A, SERON M M, MAYNE D Q, et al. Enlarged terminal sets guaranteeing stability of receding horizon control [J]. Systems & Control Letters, 2002, 47（1）: 57–63.

[115] CANNON M, DESHMUKH V, KOUVARITAKIS B. Nonlinear model predictive control with polytopic invariant sets[J]. Automatica, 2003, 39 (8): 1487–1494.

[116] ONG C, SUI D, GILBERT E. Enlarging the terminal region of nonlinear model predictive control using the support vector machine method[J]. Automatica, 2006, 42 (6): 1011–1016.

[117] REID L, NAHON M. Flight Simulation Motion-Base Drive Algorithms: Part 1—Developing and Testing the Equations[D]. Toronto: University of Toronto, 1985.

[118] PARRISH R, DIEUDONNE J, MARTIN D. Coordinated adaptive washout for motion simulators[J]. Journal of Aircraft, 1973, 12 (1): 44–50.

[119] SINACORI J. The determination of some requirements for a helicopter flight research simulation facility[R]. Moffett Field, CA: NASA Ames Research Center, 1977.

[120] MIKULA J, TRAN D, CHUNG W. Motion fidelity criteria for roll-lateral translational tasks. In Proceedings of the AIAA[C]//Modeling and Simulation Technologies Conference and Exhibit. Reston, V A: American Institute of Aeronautics and Astronautics. 1999.

[121] SCHROEDER J, CHUNG W, HESS R. Evaluation of a motion fidelity criterion with visual scene changes[J]. Journal of Aircraft, 2000, 37: 580–587.

[122] GRANT P, REID L. PROTEST: An expert system for tuning simulator washout filters[J]. Journal of Aircraft, 2015, 34 (2): 152–159.

[123] BRUENGER-KOCH M. Motion parameter tuning and evaluation for the DLR automotive simulator[C]//Paper presented at the Proceedings of the 3rd Driving Simulation Conference North America, Orlando, FL, 2005.

[124] ADVANI S, HOSMAN R. Revising civil simulator standards-an opportunity for a technological pull[C]//Proceedings of the AIAA Modelling and Simulation Technologies Conference and Exhibit, 2013.

[125] ANON. Manual of criteria for the qualification of flight simulation devices, volume 1-Aeroplanes: ICAO 9625-Vol.1[S]. Montreal: International Civil Aviation Organization, 2011.

[126] HEFFLEY R, CLEMENT W, RINGLAND R, et al. Determination of motion and visual system requirements for flight training simulators[J]. US Army Research Institute for Behavioural and Social Sciences,1981,6: 26-30.

[127] CASAS S, COMA I, RIERA J, et al. Motion-cuing algorithms: characterization of users' perception[J]. Human Factors, 2015, 57: 144-162.

[128] GROTTOLI M, CLEIJ D, PRETTO P, et al. Objective evaluation of prediction strategies for optimization-based motion cueing[J]. Simulation: Journal of the Society for Computer Simulation, 2019 (8): 95.

[129] GRÁCIO B, PAASSEN M, MULDER M, et al. Tuning of the lateral specific force gain based on human motion perception in the desdemona simulator[C]//In Proceedings of the AIAA Modeling and Simulation Technologies Conference, 2013.

[130] 张友安, 王亚峰, 刘京茂, 等. 非线性模型预测控制方法 [M]. 北京: 电子工业出版社, 2017.

附录 1

注释表

参数	含义	参数	含义
I	飞机机体坐标系	l_i	模拟机支腿长度
F	飞机驾驶员眼点坐标系	v_p	模拟机平台线加速度
O	模拟机惯性坐标系	ω_p	模拟机平台角速度
P	模拟机平台坐标系	r_p	模拟机平台位移
D	模拟机驾驶员眼点坐标系	$\beta_{p,rot}$	模拟机平台旋转角度
δ_{TH}	前庭系统角速度阈值	$\beta_{p,tilt}$	模拟机平台倾斜角度
d_{TH}	前庭系统加速度阈值	N	预测控制器预测步长
x	横向	X_f	状态约束集
y	纵向	$\boldsymbol{P}$	终端代价函数矩阵
z	垂向	$\boldsymbol{Q}$	状态权重矩阵
θ_{tilt}	模拟机倾斜角度	$\boldsymbol{R}$	控制权重矩阵
a_{tilt}	模拟机倾斜产生的加速度	K_{loc}	反馈控制率
g	惯性重力矢量	u_{loc}	反馈控制输出
ω_{tilt}	倾斜协调角速度	Ω	吸引域
x_k	系统 k 时刻的状态	E_f	误差终端状态约束集
u_k	系统 k 时刻的输入	E	误差约束集

（续　表）

参数	含义	参数	含义
y_k	系统 k 时刻的输出	$r_{p,ref}$	平台参考位移
X	状态约束集	$v_{p,ref}$	平台参考速度
U	输入约束集	$\beta_{p,rot,ref}$	平台参考旋转角度
e_k	k 时刻系统的状态误差	$\omega_{p,rot,ref}$	平台参考旋转角速度
$\omega_{p,tilt,ref}$	平台参考倾斜协调角速度	$\beta_{p,tilt,ref}$	平台参考倾斜协调角度
$l_{i,ref}$	平台参考支腿长度	a_a	飞机驾驶员前庭加速度
W	预测控制权重因子	ω_a	飞机驾驶员前庭角速度
r_{max}	平台最大位移	M_p	平台质量矩阵
v_{max}	平台最大速度	M_{i1}	上支腿质量矩阵
δ_q	支腿虚位移向量	M_{i2}	下支腿质量矩阵
τ	平台质心驱动力和力矩	M	平台的质量矩阵
δx_p	平台虚位移	C	平台的科里奥利力矩阵
δx_{i1}	平台上支腿虚位移	G	平台的重力矢量矩阵
δx_{i2}	平台下支腿虚位移	F	平台的驱动力和干扰扭力

附录 2

缩略词

CFIT   Controlled Flight Into Terrain（可控飞行撞地）

NMPC   Nonlinear Model Predictive Control（非线性模型预测控制）

MRAC   Model Reference Adaptive Control（模型参考自适应控制）

ICAO   International Civil Aviation Organization（国际民航组织）

FAA   Federal Aviation Administration（美国联邦航空管理局）

LOC-I   Loss of Control In-flight（飞行失控）

UPRT   Upset Prevention and Recovery Training（复杂状态预防及改出训练）

MPC   Model Predictive Control（模型预测控制）

MIMO   Multiple Input Multiple Output（多输入多输出）

SISO   Single Input Single Output（单输入单输出）

IDC   Inverse Dynamic Control（逆动力学模型控制）

AAD   Average Absolute Difference（平均绝对差）

NAAD   Normalization Average Absolute Difference（归一化平均绝对差）

AAS   Average Absolute Scale（平均绝对比例）

NPC   Normalized Pearson Correlation（归一化皮尔逊相关）

ETD   Estimated Time Delay（预估延迟时间）

IQR   Interquartile Range（四分位间距）

STD   Standard Deviation（标准差）

QP	Quadratic Programming（二次规划）
OMCT	Objective Motion Cueing Test（直观动作提示测试）
CWF	Classical Wash-Out Filter Algorithm（经典洗出滤波算法）
OPT	Optimal Wash-Out Algorithm（最优洗出算法）
KKT	Karush-Kuhn-Tucker（卡罗需–库恩–塔克条件）